普通高等教育智能制造系列教材
新形态·立体化

数字孪生技术及应用

主　编　许德章　李公文　夏　娜

副主编　程丙南　江本赤　梁利东　金煌煌

参　编　刘心瑜　西红桥　许　刚　朱　孟

王　陈　古宏程

机 械 工 业 出 版 社

本书以 Digital Twin Factory（DTF）软件操作为核心，结合物联网、大数据、云计算等理念，讲解数字孪生技术基础及应用。本书通过案例教学，全面展示数字孪生技术的实现过程，培养读者对数字孪生应用的认知和技能。

通过理论讲解及实操过程，本书逐步指导 DTF 软件操作，包括场景搭建、工艺设计与自定义建模，着力降低读者的学习门槛，实现灵活运用。本书提供丰富实例，结合真实开发项目，展示技术的实际应用并提供应用软件的操作窍门。

本书专注于智能制造中数字孪生的开发应用，不仅深化读者对 DTF 软件功能的理解，而且展望其在智能制造未来发展的潜力。本书理论与实践相结合的教学法旨在让读者掌握必备技能，激发读者对科技前沿发展方向的思考。扫描书中二维码可观看视频讲解。本书还提供课件、习题答案、教学大纲等资源，读者可在机械工业出版社教育服务网（www.cmpedu.com）下载。

本书既适合初学者也适合专业人士，可以作为高等院校相关专业的教材或行业人士的参考资料。

图书在版编目（CIP）数据

数字孪生技术及应用 / 许德章，李公文，夏娜主编.
北京 : 机械工业出版社，2025.5. -- (普通高等教育智能制造系列教材). -- ISBN 978-7-111-78041-0

Ⅰ. TP3
中国国家版本馆 CIP 数据核字第 2025P5T761 号

机械工业出版社（北京市百万庄大街22号　邮政编码100037）
策划编辑：刘琴琴　　　　　责任编辑：刘琴琴　周海越
责任校对：张爱妮　刘雅娜　　封面设计：王　旭
责任印制：单爱军
北京瑞禾彩色印刷有限公司印刷
2025年5月第1版第1次印刷
184mm×260mm·15印张·343千字
标准书号：ISBN 978-7-111-78041-0
定价：55.00元

电话服务　　　　　　　　　网络服务
客服电话：010-88361066　　机 工 官 网：www.cmpbook.com
　　　　　010-88379833　　机 工 官 博：weibo.com/cmp1952
　　　　　010-68326294　　金 书 网：www.golden-book.com
封底无防伪标均为盗版　　机工教育服务网：www.cmpedu.com

前　言

本书从介绍数字孪生技术相关概念及原理、掌握数字孪生系统搭建、应用数字孪生技术这一目标出发，对数字孪生实现平台——Digital Twin Factory（DTF）软件进行详细全面的介绍，内容涉及机械设计、自动化、计算机、工业控制等领域。

内容组织和选材说明：

1）数字孪生作为一种前沿技术，正在以前所未有的方式改变着我们的世界，目前在数字孪生实施过程中遇到的较大问题就是没有一个合适的平台。DTF 软件由 Visual Components 发展而来，根据需求进行定制化二次开发，是一款国际领先的全方位智能制造数字孪生工厂仿真软件，软件将工业机器人、机械及自动化设备、PLC、电气及周边设备进行 3D 虚拟仿真与数字孪生，它向用户提供工程规划、工程验证、工艺分析、逻辑验证等全流程数字化工厂解决方案，帮助企业在研发前期进行产能确认，提升行业竞争力。

2）DTF 软件操作涉及机械、电气、自动化、计算机等多门学科，对操作人员知识综合性要求较高，而目前市面上关于 DTF 软件的图书较少，并且不系统、不适于教学实践任务。因此本书由浅入深地介绍在 DTF 软件中搭建数字孪生系统的操作，帮助读者更好地开发数字孪生项目。

带给读者的收获：

1）了解数字孪生技术原理、发展历程、应用领域，掌握使用 DTF 软件搭建数字孪生系统的方法，能够利用数字孪生技术为实际工作中的设备研发、维护等工作提供帮助。

2）帮助相关专业人员更好地了解、使用 DTF 软件，利用 DTF 软件对实际生产过程进行工艺设计、优化，更快捷地规划产线布局、设备搭建等项目。

内容概述：

第一章由数字孪生技术概念、应用等相关技术理念，引出 DTF 软件，并简单介绍 DTF 软件的使用领域。

第二章先对 DTF 软件功能界面进行了详细介绍，接着搭建了一个简单的虚拟仿真项目。

第三章对 DTF 软件的工艺功能进行由浅入深的讲解，搭建了一个较为复杂的生产线，展现 DTF 软件在工艺设计领域的应用。

第四章介绍数字孪生实现过程中的前期操作——建模，对在软件中处理简单和复杂的模型分别进行讲解。

第五章对 DTF 软件在工业机器人编程领域的应用进行讲解，搭建一个机器人拆垛码垛工作站。

第六章介绍 DTF 软件实现数字孪生时所用到的功能——连通性，详细展示了软件与外部设备连接以及信号交互的操作方法。

第七章结合实际数字孪生开发案例，详细介绍了开发、调试自定义非标设备数字孪生系统的详细过程。

由于编者水平有限，书中不妥之处在所难免，恳请读者批评指正。

编　者

二维码索引

（续）

目 录

第一章

数字孪生基础简介

第一节　虚拟仿真基础知识

💡 **学习目标：**

1）了解虚拟仿真的作用及意义。

2）了解虚拟仿真的应用场合。

一、虚拟仿真的定义

1. 概念简介

为研究具体工程问题，建立与物理世界（空间）呈对等或镜像关系的数字模型（虚拟模型），利用虚拟模型仿真技术验证设计的正确性，优选性能参数，评价设备或系统性能，实现设备健康状态监测和预防性维护以及辅助决策等，这称作虚拟仿真（Virtual Simulation）技术。简单地说，虚拟仿真技术是用一个虚拟系统模拟一个物理系统，揭示物理系统运行规律的技术。

虚拟世界（简称数字模型，包括几何模型和机理模型）由计算机软件、算法和数据组成，可以模拟物理系统行为、现象和过程，可以再现物理系统运行过程或行为，也可以模拟构想的系统。用户可借助视觉、听觉和触觉等多种传感器采集物理系统信息，加载至虚拟系统，实现虚实信息实时交互和同步运行，即借助仿真技术创建一个实时反映物理对象变化与相互作用的 3D 虚拟世界，可以通过显示屏、VR 眼镜、传感器等辅助设备，帮助用户观察和感知物理系统的运行过程或行为，甚至可以深度沉浸于虚拟世界，操控和感知虚拟系统运行过程或行为。

虚拟仿真技术应用范围非常广泛，包括娱乐、教育、培训、工程等领域。虚拟仿真概念最早可以追溯到 20 世纪 60 年代，当时主要用于军事模拟和飞行模拟领域。随着计算机技术的发展，虚拟仿真技术逐渐普及到其他领域。现在，虚拟仿真技术已经成为许多领域的重要工具，包括工程设计、产品制造、医疗卫生、教育娱乐等。

虚拟仿真技术主要包括以下几种类型：

1）虚拟现实（Virtual Reality，VR）。虚拟现实基于计算机模拟物理环境的虚拟现实技术，借助手柄、头戴式显示器等设备，将物理世界与用户隔离，再使用户身临其境地感受虚拟环境。

2）计算机模拟（Computer Simulation）。计算机模拟是一种使用计算机程序模拟物理现象或过程的技术，可以包括数学模型、算法和数据结构，模拟特定领域的行为和过程。

3）虚拟样机（Virtual Prototype）。虚拟样机是一种使用计算机程序，模拟产品或系统物理性能和技术特征的技术。可以在产品设计阶段完成交互式仿真，预测产品在物理环境中的功能和性能。

4）虚拟实验室（Virtual Laboratory）。虚拟实验室使用计算机程序模拟科学实验和技术实验环境，可以在实验室外开展实验，避免实验设备的限制和实验风险。

5）虚拟临床试验（Virtual Clinical Trial）。虚拟临床试验使用计算机程序模拟临床试验，可以在临床试验室之外实施试验，避免试验条件的限制和风险。

虚拟仿真技术应用范围非常广泛，包括以下领域：

1）娱乐产业。例如，游戏、电影特效制作等。

2）教育与培训。学生可以通过虚拟仿真技术开展模拟实验，了解实践过程，提高学习和实践效果。

3）工程设计。工程师可以使用虚拟仿真技术，模拟产品设计和制造过程，发现设计错误，节约试错成本。

4）产品制造。虚拟仿真技术可以在制造产品之前模拟工艺过程，预测产品在制造过程中可能出现的问题，从而提高产品的质量和效率。

5）医疗卫生。医生可以使用虚拟仿真技术模拟手术和治疗过程，提高手术和治疗的效果。

2. 特性及优点

虚拟仿真技术将仿真技术、计算机图形学、计算机技术、计算机视觉、视觉心理学、视觉生理学、多媒体技术、信息技术、微电子技术、立体显示技术、软件工程、传感与测量技术、语音识别与合成技术、网络技术、人机接口技术及人工智能技术等多种技术进行融合，具备沉浸感、交互感、真实感的基本特性，其主要优点有：

1）能解决许多需通过破坏性试验或危险性试验才能决策的实际问题。

2）可将年、月、日缩减到分、秒计算，避免试验周期过长。

3）可用检验理论分析结论的完善性，验证各种假定的有效性。

4）研发人员相当于拥有了"仿真实验室"，可以多次重复试验，研究单个变量或参数的变化对实际问题的总体影响。

5）仿真结果直观，可多角度、多维度分析仿真数据。

二、虚拟仿真技术前景

1. 应用领域更广泛

目前，虚拟仿真技术在城市规划、教育、工业设备、科学研究等领域，都有广泛应用。通过虚拟仿真技术，可以直观地表达设计构思；教师的授课过程变得更加生动和形象；在工业设备设计研发过程中节省大量时间和经济成本；在科研实践中虚拟仿真技术更是大放异彩，研发人员能完成各种实际状况下很难甚至无法开展的实验。通过虚拟仿真技术，可以模拟物理世界的各种现象，为各个领域提供更加准确和可靠的技术手段，促进了各领域技术进步。

2. 真实感和沉浸感更强

随着虚拟仿真技术的不断发展和完善，真实感和沉浸感将更强。通过更加先进的传感器、显示器和音效技术等，可以更加逼真地模拟物理世界的各种现象，用户能够获得更加真实和沉浸的体验。同时，虚拟仿真技术还可以结合人工智能技术、人机交互技术等手段，根据用户需求和行为，提供更加个性化服务，提高用户的体验感和满意度。

3. 跨领域应用广泛

虚拟仿真技术具有很强跨领域应用特性，可以结合不同领域需求，创造出更多的应用场景。例如，可以将虚拟仿真技术与医疗结合，创建虚拟医学模拟器，用于医疗培训、手术模拟、康复治疗等。同时，虚拟仿真技术也可以与工业制造结合，创建虚拟工厂、虚拟生产线等，实现数字制造和智能制造。

4. 协同合作更多

虚拟仿真技术可以促进不同领域之间的任务协同，实现跨领域协作和创新。通过虚拟仿真技术，不同领域的人员可以在虚拟环境中开展协作研究，共同解决复杂问题和挑战。这种协同合作可以促进知识共享和经验交流，提高创新效率和准确性。

软件与硬件发展相辅相成，虚拟仿真技术的发展离不开计算机硬件性能的提升。设计虚拟仿真技术体现了并行工程的理念，代表智能制造技术的发展趋势。这种方法与传统技术相比展现出多项优势：在工业制造领域，智能工厂的设计阶段就能确定关键参数，使产品开发过程得以更新，从而缩减开发时间，减少生产成本，同时提升产品的质量。

第二节　认识数字孪生

💡 学习目标：

1）了解数字孪生的概念。
2）了解数字孪生的发展历程及前景。
3）了解数字孪生的应用。

一、简述数字孪生

1. 数字孪生基础概念

数字孪生（Digital Twin）或称作数字映射、数字镜像，通过综合应用物理模型、传感器数据和运行状态监测信息，构建一个涵盖多学科、多物理量、多尺度及多概率的仿真系统。这一系统在虚拟空间中实现映射，以此反映对应的实体装备在其整个生命周期中的过程。简而言之，数字孪生技术就是基于某个设备或系统，创造其数字化的"克隆体"。这个概念最早由美国国家航空航天局（Nation Aeronautics and Space Administration，NASA）在 2009 年提出，建立物理模型，利用传感器采集物理系统运行数据，物理实体和虚拟空间实时交换数据，实现物理实体数字化映射和状态监测。数字孪生技术基于云计算、大数据、物联网、人工智能等先进技术，连接物理世界与虚拟世界，为工业制造、智慧城市、智慧医疗、航空航天等领域提供了全新的解决方案。

数字孪生组成如图 1.1 所示，从该图可以看出，数字孪生的核心是数字模型，通过数字模型可以全面仿真物理实体，实现物理实体的数字化映射。数字模型包括机理模型和数据驱动模型，其中机理模型包括运动学模型、力学模型、热力学模型、流体力学模型、电磁场模型、电磁和电路模型、控制算法模型、机器学习模型等，可以运用计算机辅助设计（Computer-Aided Design，CAD）、计算机辅助工程（Computer-Aided Engineering，CAE）、计算机辅助制造（Computer-Aided Manufacturing，CAM）等工具建立几何模型和工艺过程模型，编写求解机理模型的计算程序。

图 1.1　数字孪生组成

数字孪生需要依赖传感技术，利用传感器采集物理系统的实时数据，包括温度、压力、速度、位置、电流、电压、功率、扭矩等数据，并实时传输至数字模型，更新数字模型运行状态。同时，数字模型与物理模型间需要保持实时双向数据交换。

数字孪生在工业制造领域应用广泛，通过数字孪生技术可以实现数字制造和智能制造。数字孪生技术能够对生产线进行数字化的映射，使得设备的运行状态得到实时监控，从而能够预测潜在的设备故障，提升设备的运行效率及其可靠性。此外，通过数字孪生，产品设计也能够数字化，利用仿真与模拟来优化产品的性能与成本，从而增强产品的质量与市场竞争力。

除了工业制造领域外，数字孪生在智慧城市、智慧医疗、航空航天等领域也有广泛应用。在智慧城市领域，通过数字孪生技术，可以对城市进行数字化映射，便于规划城市布局、管理交通、检测环境等。在智慧医疗领域，数字孪生用于实现人体数字化映射，辅助医疗诊断、治疗规划、健康管理等。在航空航天领域，数字孪生可以实现飞机数字化映射，实现飞行控制评价、发动机监测、故障预测等。

数字孪生技术具有广泛的应用前景，可以为各个领域提供全新的解决方案。同时，数字孪生技术也面临着一些挑战，包括数据安全、隐私保护、标准化等问题。未来，数字孪生技术将不断完善和发展，为人类社会发展和技术进步做出更大的贡献。利用数字孪生技术，可以通过信息化平台掌握物理实体的当前状态，并能够控制其内部的预设接口组件。这种方式有助于辅助运营监控、预测性维保，以及流程的优化改进。数字孪生运用各类传感器采集的数据，显示物理实体真实运行状态。

2. 特点分析

数字孪生的核心优势在于能够对物理对象进行实时的动态模拟，这种"动态"特性基于物理实体的模型、即时数据以及历史数据。这意味着无论是物理实体的即时状态还是外部环境的变化，都能在数字孪生中得到精确的再现。

当需要对系统设计进行调整，或者探究物理系统在特定外部条件下的表现时，工程师可以设置相应的条件和参数，在数字孪生中进行模拟"实验"。这样不仅避免了对实际物理实体的修改，同时也提升了工作效率并减少了成本。

数字孪生的特性主要围绕"全生命周期""实时/准实时"以及"双向交互"这三个关键点展开。

（1）全生命周期　数字孪生技术具有全生命周期的特点。在产品设计、制造和运维等全生命周期中，数字孪生技术可以通过数字模型仿真和预测物理产品，提高产品性能和效率。

在产品设计阶段，数字孪生技术可以利用数字模型设计和优化产品。设计师可以通过数字模型了解产品详细几何形状、物理特性和运行状态，优化和改进产品。数字孪生技术还可以通过数据分析和挖掘，帮助设计师了解产品性能和效率，避免设计缺陷和颠覆性错误。

在产品制造阶段，数字孪生技术可以通过数字模型仿真和预测制造过程。制造企业可以通过数字模型了解详细的制造过程和工艺流程，优化和改进制造过程。数字孪生技术还可以通过数据分析和挖掘，帮助制造企业了解制造过程的性能和效率，提高制造效率和产品质量。

在设备运维阶段，数字孪生技术可以通过数字模型监测设备运行状态和性能。运维企业可以通过数字模型了解设备详细运行状态和性能，及时维护和修复设备。数字孪生技术还可以通过数据分析和挖掘，帮助运维企业了解设备性能和效率，提高设备运行效率和稳定性。

（2）实时/准实时　数字孪生技术具有实时/准实时的特点。通过实时/准实时的监测和仿真物理实体运行状态，可以及时发现和处理问题，提高设备性能和效率。

借助传感器等技术，数字孪生系统可以实时监测物理实体的状态和变化，状态信息实时传输至数字模型，可以监测和预警物理实体的真实状态，及时发现和处理问题。在工业制造等领域，数字孪生技术可以通过实时监测，提高产品的质量和效率。

数字孪生技术可以准实时地仿真物理实体的运行状态，优化和控制物理实体。准实时仿真可以实现秒、分或小时等级数据更新。准实时仿真可以实现物理实体优化和控制，提高产品性能和效率。例如在智慧城市等领域，数字孪生技术可以对城市进行准实时仿真，进而提高城市的管理水平和运营效率。

（3）双向交互　数字孪生技术具有双向交互的特点。通过双向数据交换，数字孪生技术可以实现物理实体和虚拟世界之间的信息交流和互动，提高产品的性能和效率。

数字孪生技术可以通过传感器等手段，实现物理实体与数字模型双向信息交换。双向数据交换不仅能够实现物理实体实时监测和仿真，也可以优化和控制物理实体。在工业制造等领域，数字孪生技术可以通过双向数据交互，实现检测、仿真和操控等功能。

数字孪生技术通过虚拟世界与物理世界的双向映射，实现数字模型与物理实体之间的信息交流和互动。这种双向映射可以实现物理实体的实时监测和仿真，同时也可以通过数字模型优化和控制物理实体。在智慧城市等领域，数字孪生技术可以通过双向映射，提高城市的管理水平和运营效率。

综上所述，数字孪生技术具有全生命周期、实时／准实时、双向交互三个方面的特点。数字孪生技术的上述特点，在产品设计、制造、运维等全生命周期中具有重要的作用。同时，数字孪生技术的实时／准实时、双向交互特点可以帮助企业及时发现和处理问题，提高产品性能和效率。数字孪生技术还将不断发展和应用，为智能制造、智慧城市、医疗健康等领域带来更广阔的发展空间和机遇。

3. 本质

数字孪生技术是一种基于信息的建模技术，通过连接和交互物理世界中的物体、系统或过程与虚拟世界的数字模型，实现虚拟和物理两个世界之间的信息交流和互动。数字孪生技术本质上是关于建模与仿真的技术，其目标在于在数字虚拟环境中创建出与物理世界中的实体在行为上完全对应的数字模型。这种技术超越了传统的自底向上的信息传递模式，转而全面抽象和描述实体的外观、内在机制及其运行关系。此外，它还依据不同的需求和应用场景，构建出形态多样的数字模型。具体数字孪生框架如图 1.2 所示。

下面将从以下两个方面详细阐述数字孪生技术的本质：

（1）数字模型的建立　数字模型是数字孪生技术的核心。数字模型测量和采集物理实体的数据，如几何形状、尺寸、材质、运行状态等，并将其数字化。数字模型可以包含丰富的信息，如物理特性、运行状态、环境条件等，这些信息可以用于仿真和预测物理实体。

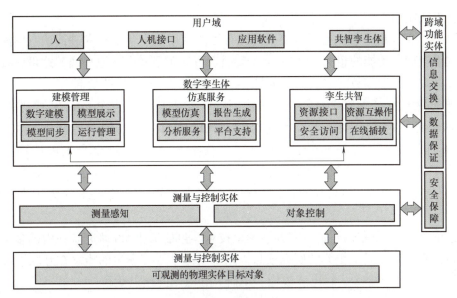

图 1.2 数字孪生框架

数字模型运行需要依靠传感器、数据采集设备等手段，获取物理实体的运行数据。这些数据可以通过云计算、大数据等技术存储和处理，并用于驱动数字模型。数字模型可以通过虚拟仿真技术验证和优化，确保数字模型能够准确地反映物理实体的运行状态。

（2）数字模型与物理实体的连接　数字模型与物理实体之间的连接是数字孪生技术的另一个核心。数字模型与物理实体之间的连接借助网络，信号来源于传感器、数据采集设备。这些设备可以将物理实体的状态和运行情况实时传输至数字模型，实现数字模型与物理实体之间的信息交流和互动。

数字模型与物理实体连接需要依靠高速可靠的网络。物理实体的数据实时传输至数字模型，可以实现数字模型实时监测和物理实体仿真。同时，也可以通过数字模型优化和控制物理实体，实现智能控制和优化。

4. 发展历程

业界普遍认为，数字孪生是 Michael Grieves 教授针对产品生命周期管理（Product Lifecycle Management，PLM）提出的一个概念，当初并不叫 Digital Twin，而是叫镜像空间模型（Mirrored Space Model，MSM），但这种说法并没有书面文献或资料佐证。

真正有据可查的"数字孪生"的概念，由美国空军研究实验室（Air Force Research Laboratory，AFRL）提出。2011 年 3 月，AFRL 结构力学部门的 Pamela A.Kobryn 和 Eric J.Tuegel 做了题目为《基于状态维护＋结构完整性＆战斗机机体数字孪生》［*Condition-based Maintenance Plus Structural Integrity*（*CBM+SI*）*& the Airframe Digital Twin*］的报告，首次明确提出"数字孪生"的概念。

当时，AFRL 寻求通过数字化手段来改进战斗机的维护工作，而数字孪生技术被视为一种创新的解决方案。2011 年，Michael Grieves 与美国国家航空航天局的 John Vickers 共同撰写了《几乎完美：通过 PLM 推动创新和精益产品》一书，这是"数字孪生"这一术语首次被正式使用。

2011 年，AFRL 具体提出了在将来的飞行器中使用数字孪生技术进行状态监测、寿命预测和健康管理等功能的想法。2013 年，美国空军发布了《全球地平线》这份科技顶层规划文件，将数字孪生和数字主线界定为具有颠覆性的"游戏规则改变者"。

美国通用电气公司在 2015 年计划采用数字孪生技术建立 Predix 云服务平台，利用大数据和物联网等前沿技术，实现对发动机的实时监控、即时检测和预测性维护。2018 年 6 月，美国国防部发布了《数字工程战略》，旨在通过整合先进计算、大数据分析、人工智能、自主系统和机器人技术来改善工程实践，并在虚拟环境中构建原型实验和测试。自 2017 年起，Gartner 公司连续三年将数字孪生技术评为十大战略技术趋势之一。

中国在 2015 年左右也开始研究数字孪生技术。包括工业 4.0 研究院在内的多个国内研究机构和企业纷纷开展了相关的研究项目。从那时起，数字孪生的概念在互联网和工业界迅速流行起来，直至今天，它已经成为一个研究和应用的热点话题。

二、数字孪生的应用

1. 数字孪生的工业应用

工业领域是数字孪生技术主要应用场景之一，借助数字孪生技术，可以实现工业现场生产制造过程与虚拟世界镜像，提高生产制造过程数字化和智能化水平。数字孪生技术在工业领域的应用可以帮助企业提高生产效率、产品质量和运营效率。下面详细介绍数字孪生技术在工业领域的应用：

（1）生产流程优化　数字孪生技术可以建立生产工艺流程的数字模型，通过模拟和仿真优化生产工艺流程，数字模型可以模拟生产过程各种因素，如设备性能、工艺参数、生产环境等。通过模拟可以找出一组最佳的生产参数，提高生产效率和产品质量。同时，数字孪生技术还可以实时监控和调整生产过程，实现生产过程自动化和智能化。

（2）设备维护及故障预测　数字孪生技术可以建立设备数字模型，实现设备实时监控和故障预测。通过数字模型可以监测设备运行参数和工作状态。当设备出现异常时，数字模型可以及时发出预警，并预测设备的故障时间和原因，从而提前维护和维修，减少设备故障对生产的影响。

（3）生产计划和排程　数字孪生技术建立生产工艺流程的数字模型，模拟生产计划和流程排程，分析生产过程的各种约束因素和条件，如设备能力、人员数量、原材料库存等，从而制定合理的生产计划和排产计划。同时，数字孪生技术还可以通过模拟和优化，找到最佳的生产排产方案，使生产效率得到提高，生产成本得到降低。

（4）质量控制　数字孪生技术还可以在产品质量控制中发挥重要作用。通过数字模型可以揭示产品质量的影响因素，如原材料质量、生产工艺参数、设备性能等，从而制定合理的质量控制方案。同时，数字孪生技术还可以通过建立产品数字模型，实现产品实时监控和质量检测，确保产品符合标准和要求。图 1.3 所示为数字孪生技术工业应用的示例。

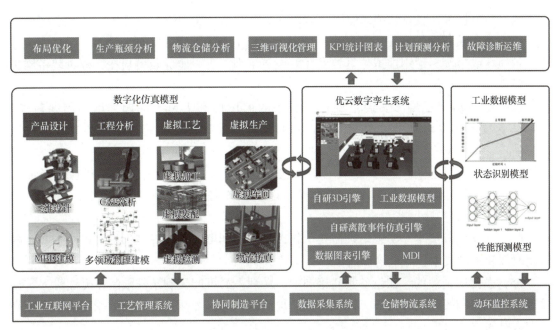

图 1.3　数字孪生技术工业应用的示例

2. 数字孪生的装备应用

在物理装备上开展装备操作和维修培训，普遍存在成本高、难度大、风险高、周期长的缺点，运用虚拟孪生技术开展大部分装备操作和维修培训，能够有效减少装备损耗，缩短培训周期，提高培训质量，降低培训成本，提高培训效率，强化培训深度，降低安全风险。图 1.4 所示为数字孪生技术装备场景示例，可连接 VR 设备，用于虚拟实验室培训课程。

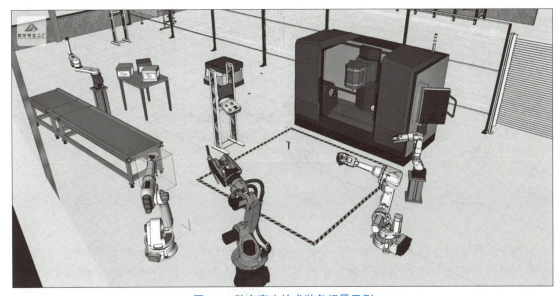

图 1.4　数字孪生技术装备场景示例

数字孪生技术在装备领域的应用，具有以下优点：

（1）减少装备损耗　在实训过程中，由于操作不当或训练环境复杂等因素，可能会导致装备损坏或报废。运用虚拟仿真技术开展人员培训，可以避免装备损耗，减少装备维护和更新成本。

（2）缩短培训周期　实装培训存在装备的可用性和人员等问题，培训周期较长。虚拟仿真技术不受客观条件限制，可以随时随地开展训练，缩短培训周期，提高培训效率。

（3）提高培训质量　虚拟仿真可以模拟装备功能、使用方法和故障判别，受训人员可以在虚拟环境中反复练习，能够有效提高操作技能和故障处理能力，提高培训质量。

（4）降低培训成本　实装培训需要消耗大量时间和资源，而虚拟仿真可以减少实装的使用时间和维护成本，降低培训成本。

（5）强化培训深度　在设备实装培训中，受训人员可能受到条件限制，无法深入掌握关键操作步骤和故障处理技巧。运用虚拟仿真技术，可以加强关键环节的深度培训，提高受训人员的技能水平。

（6）降低安全风险　在实装训练中，由于操作不当或环境复杂等因素，可能会产生安全风险。使用虚拟仿真技术可以充分模拟，减少实际操作的风险，降低安全事故的发生率。

3. 数字孪生的工艺应用

数字孪生技术工艺场景示例如图1.5所示，在生产工艺优化方面，数字孪生技术可以应用于生产工艺仿真，模拟生产过程和物流过程，通过计算和仿真分析评估生产线的能效指标。数字孪生技术也可以用于定位和改善生产瓶颈，优化生产过程，提高生产效率。

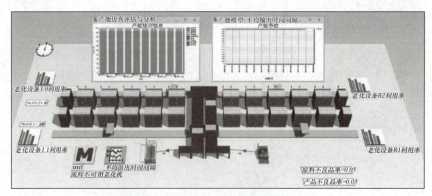

图1.5　数字孪生技术工艺场景示例

首先，数字孪生技术可以帮助企业更好地理解生产线的工艺流程和设备布局。通过分析生产线仿真模型，可以充分了解各个设备之间的协作关系，以及生产过程中的瓶颈和限制因素，帮助企业确定需要改进和优化的环节，以提高生产效率。

其次，数字孪生技术可以模拟不同生产策略和资源配置方案，寻找最优方案。企业可以在虚拟世界中尝试不同生产策略和资源配置方案，评估影响生产线能效指标的因素。通过不同方案比较，可以优化生产过程，选择最优方案，提高生产效率和质量。

再次，数字孪生技术还可以用于预测和控制生产过程中的故障和异常情况。通过仿真模型的分析，可以预测哪些环节容易出现故障或异常情况，并提前采取措施，避免或解决这些问题，企业依据预测，有效减少生产过程中的停机时间和成本，提高生产效率和质量。

最后，优化算法也可以与数字孪生技术相结合，寻找更优的生产策略和资源配置方案。优化算法可以帮助企业寻求最优方案，更好地满足市场需求和竞争压力。数字孪生技术可以为优化算法提供实时的仿真数据和反馈，帮助优化算法更好地收敛，获得最优解。图 1.5 展示了一个数字孪生技术工艺场景。

数字孪生技术在工艺方面的应用具有以下几个优点：

（1）提高效率和质量　数字孪生技术可以模拟生产线的生产过程和物流过程，通过计算和仿真分析评估生产线的能效指标。可以帮助企业更好地了解生产线的性能和限制因素，并制定更优的生产策略和资源配置方案，从而提高生产效率和质量。

（2）降低成本和停机时间　数字孪生技术可以预测和控制生产过程中的故障和异常情况，帮助企业避免或解决这些问题，降低成本和停机时间。此外，数字孪生技术还可以通过模拟不同的工艺方案，帮助企业寻找最优解决方案，从而更好地满足市场需求和竞争压力。

（3）提高市场竞争力　运用数字孪生技术，企业可以提高生产效率和质量，提高市场竞争力。此外，数字孪生技术还可以帮助企业更好地了解客户需求和市场趋势，并制定更优的产品设计和生产策略，从而满足市场需求。

（4）灵活性和扩展性　数字孪生技术可以根据企业实际需求，灵活布置生产设备。企业可以根据生产线的运行情况，随时调整数字孪生模型的参数和变量，更好地模拟真实的生产情况。此外，数字孪生技术还可以与其他技术或系统集成整合，如物联网、人工智能、大数据分析等。

（5）降低风险和不确定性　数字孪生技术模拟不同方案，帮助企业预测可能的结果和风险。此外，数字孪生技术还可以提供实时的仿真数据和反馈，帮助企业及时调整和改进生产策略和资源配置方案，从而降低风险和不确定性。

4. 数字孪生的发展前景

现阶段，在全球范围内数字孪生技术发展时间不长，尚处于起步阶段。欧美等发达国家虽然起步较早，但技术成熟度也不高，未来还有较大的提升空间。鉴于我国的国情，以及数字孪生技术发展时间较短等因素，数字孪生技术在我国的主要应用领域集中于机械制造、航空航天、国防、能源、医疗、城市管理等领域。在国家政策支持及应用需求促进下，我国数字孪生技术市场出现了较快增长。2014 年我国数字孪生技术市场规模约为 27 亿元，2020 年增长到约 137 亿元，复合增长率为 31.1%。2014—2021 年我国数字孪生市场规模如图 1.6 所示。

图 1.6　2014—2021 年我国数字孪生市场规模

数字孪生技术得到了国家政策的大力支持，先后出台了多个文件：

2015 年，《中国制造 2025》提出发展和应用"数字孪生"技术，并将数字孪生技术列为制造业发展的重要方向之一。文件明确提出"要加快建设数字制造、智能制造、绿色制造等创新型制造体系，推动制造业数字化、网络化、智能化"。

2016 年，《国家创新驱动发展战略纲要》提出"推动互联网、大数据、人工智能、第五代移动通信等新兴技术与传统产业深度融合"。数字孪生技术作为新兴技术之一，被视为推动产业升级和数字化转型的重要驱动力。与云计算、AI、5G 等一样，数字孪生技术的关注程度上升到国家高度。

2016 年，《"十三五"国家科技创新规划》将数字孪生技术列为重点发展方向之一，提出要"推进数字孪生技术在制造业、农业、能源、交通等领域的广泛应用，提高数字化管理能力"。

2019 年，《中共中央关于坚持和完善中国特色社会主义制度推进国家治理体系和治理能力现代化若干重大问题的决定》，提出"加快建设科技强国，强化原始创新和颠覆性技术创新，提升自主创新能力"。数字孪生技术作为一项具有颠覆性的创新技术，被视为推动科技创新和产业升级的重要动力。

2020 年，"新基建"首次写入政府工作报告，在该项热点讨论中，"数字孪生"被不少代表和委员提及。同年 4 月，国家发改委印发《关于推进"上云用数赋智"行动，培育新经济发展实施方案》，提出要围绕解决企业数字化转型所面临的数字基础设施、通用软件和应用场景等难题，支持数字孪生等数字化转型共性技术、关键技术研发应用，引导各方参与和提出数字孪生解决方案。

2023 年 12 月，工信部等八部门联合印发《关于加快传统制造业转型升级的指导意见》，提出"加快数字技术赋能，全面推动智能制造"，以及"支持生产设备数字化改造，推广应用新型传感、先进控制等智能部件，加快推动智能装备和软件更新替代。以场景化方式推动数字化车间和智能工厂建设，探索智能设计、生产、管理、服务模式，树立一批数字化转型的典型标杆"。其中，数字孪生技术在推进制造业数字化和智能化方面扮演着重要角色。

第三节　数字孪生平台软件 Digital Twin Factory

学习目标：

1）初步熟悉 DTF 软件。

2）了解 DTF 软件的特点。

3）了解 DTF 软件的应用场合。

一、Digital Twin Factory 概述

1. 软件简介

数字孪生工厂软件 Digital Twin Factory（以下简称 DTF 软件）是一款国际领先的智能制造 3D 数字化仿真系统。

DTF 软件是集 3D 工艺仿真、装配仿真、人机协作、物流仿真、机器人仿真调试、设备虚拟调试、数字孪生等功能于一体的数字化虚拟平台，可应用于新建工厂产线布局、物流规划、价值流分析、生产效率分析、精益改善，新产品研发端的可制造性分析、工艺设计、装配仿真、虚拟调试、机器人轨迹规划和机器人示教编程等。

DTF 软件具备工业机器人、机械设备、PLC、电气及周边设备 3D 虚拟仿真与数字孪生功能，向用户提供工程规划、工程验证、工艺分析、逻辑验证等全流程数字化工厂解决方案，帮助企业在研发前期确认产能，提升行业竞争力。DTF 软件页面如图 1.7 所示。

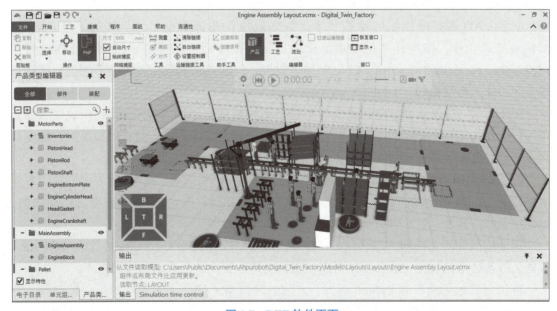

图 1.7　DTF 软件页面

2. 特点及功能

DTF 是专业化工业机器人及生产线虚拟仿真编程系统，基于互联网和工业大数据库技术专注于机器人作业线仿真，具有强大的图形编辑功能，提供基于云端的大数据组件库，可快速创建、发布各种自动化生产线与无人工厂的 3D 模型，完成生产线节拍分析，支持多机器人协同作业，具备运用 3D 扫描数据规划 3D 曲面路径的离线编程功能，支持物料节拍自动控制，机器人控制器虚拟机与 PLC 仿真模拟，在线读取测量数据，机器人作业单元离线编程和模拟，大型自动化生产线和无人智能工厂在线编程仿真和虚拟联调、陪产等。

DTF 主要功能包括标准 CAD 转换接口、模型偏移定位、机器人手工示教、3D 虚拟仿真、自动碰撞检查、机器人离线自动编程、后置处理器、数据库支持、Layout 快速构建、DXF Layout 布局图、3D PDF 输出、高分辨率图片输出、物料统计报表生成、数模输入和控制、组件建模与运动控制、Python 二次接口开发、无人工厂大模型支持、云数据支持、拓扑智能图形识别、自动特征识别等。

二、Digital Twin Factory 关键技术

DTF 开发团队在机器人算法、图形学、数字控制、先进制造技术、CAD/CAM 等工程领域拥有深厚的技术积累，作为一款完全自主研发的机器人作业产线原创性解决方案的软件，关键技术如下：

1. 全面的数据接口

DTF 平台相对开放，操作简单，不限制组件厂家品牌，不局限导入文件格式，具有开放的二次开发端口，满足各行业需求，可以通过 IGES、DXF、DWG、ParaSolid、Step、VDA、SAT 等标准接口转换数据。软件能读取 Google SketchUp 格式和市场主流 CAD 软件格式的文件，包括 CATIA、UGS、Pro/E、SolidEdge、SolidWorks 等，以及标准数据格式如 3D IGES、ParaSolid、STL 和 STEP 等。

底层 CAD 数据采用核心压缩技术，数据规模仅几百千字节。与其他三维 CAD 数据格式文件相比，在同样数据精度下读取更加方便灵活，还可以直接读取计算机数控（Computer Numerical Control，CNC）加工数据、机器人示教数据、关节臂测量数据和三维激光扫描云点数据等。

DTF 软件 3D 内核基于立体光刻三角网格拓扑处理技术，内置 3D 激光扫描仪、激光跟踪仪等在线测量数据接口，能实时读取测量仪得到的现场数据，修正虚拟模型，得到与真实环境高度一致的虚拟仿真结果，输出的加工数据更加准确。

2. 开放的运动控制算法

智能工厂所有运动组件，包括机器人、传送带、操作工、AGV 等都自带运动控制，运动控制算法开放，客户可以编写个性化组件。

运动控制算法支持 4~6 轴机床、6 关节机器人、双臂机器人、Delta 机器人和 SCARA 机器人等各种常见装备，各种滑轨与变位机，支持异类设备间联动和协同工作。

算法允许运用模板和 Python 语言，定制各种机器人和自动化工具的运动控制器。算法支持包括 2 个旋转轴的 3~5 轴机床，3~6 个旋转轴的串联、并联、双臂和直角坐标等，

自动导向车（Automated Guided Vehicle，AGV）和生产线上常见的工装夹具，以及传送带等辅助设施。

3. 强大的工业机器人数据库

机器人数据库包含全球四十多个知名品牌机器人，近万个运动算法模型，并实时更新。DFT软件支持大多数工业机器人，提供常见型号工业机器人3D几何模型与运动控制，打破传统CAD/CAM行业数据管理的封闭模式。它内置海量机器人模型和Layout库，并与全球用户共同构建和分享，用户可以通过软件提供的Web搜索服务，直接从服务器抓取CAD几何模型，存储到客户端计算机。软件采用快速黏连技术，工程师可以迅速搭建Layout布局和虚拟样机。

智能工厂所有组件均采用参数化几何模型，可自由修改大小、长度等属性，自定义建立个性组件库。几何模型具有参数化特征，可以自由修改，减少了建模时间和工作量，大幅提高工作效率。

DTF与众多机器人品牌公司合作，不局限于一种品牌机器人，拥有海量机器人数据库。既能模拟机器人关节运动，还能与其他品牌机器人协同作业。

4. 出色的模拟仿真

智能工厂由生产线传送系统、各型号机器人、众多工装夹具、各型叉车和各种AGV等装备和操作工组成，采用单个DFT软件就可以完成全部仿真，不需要跨平台软件支持。

一个3D模型胜过千张图片，强大的在线网络组件库，可以在短短几分钟内构建无人工厂和生产线。客户可以运用图形界面研究和操作工作单元，实现机器与设备编程、虚拟分析、碰撞检测、验证和优化，测试机器人可达性，实现机器自动运转，物流产品自动流通，体验自动化工厂逼真的环境。

模拟仿真可测试机器人关节臂的可达性，找出问题点并自动修正不合适的姿态。自动优化设备运行参数，检查所选组件动作，避免碰撞。系统内置PLC，在硬件制造前就可以开展生产线虚拟调试和控制，缩短项目开发时间，减少现场联调和陪产时间。强大的机器人仿真系统可自动检查机器人手臂、激光头与工件之间的运动碰撞、运动超程，自动删除不合格路径并调整，还可自动优化路径，减少空跑时间。系统支持大到整个无人工厂，小到一个机器人作业单元的实时动态模拟仿真。

在机器人仿真过程中，能够动态检测冲突，防止设备和人员损害，详细描述所有操作和生产环节，以及占用的资源（如机器人、机械、操作工）。在可视化环境下，能够虚拟优化整个无人生产线的运行过程。软件采用最新虚拟现实技术，用户能仿真和检测生产线上任何运动冲突。Layout规划布局完成后，用户可以导出高质量交互式3D PDF文件，可用PDF阅读器轻松查阅。

通过虚拟工作单元，可以实时验证PLC和I/O信号。软件支持Beckhoff或Siemens等PLC，集成了机器人控制器虚拟机，能实时读取机器人位姿参数和工作状态，数字模型和物理系统保持同步，在计算机上完成生产线虚拟联调和陪产。

黏连技术能够捕捉生产线组件，并自动连接到物流传送带上。所有智能工厂组件都可以从数据库里面拖拽到工作界面，自动捕捉黏连到生产线，搭接一个智能工厂如同搭积木一样容易。软件支持多品牌机器人协同工作，支持机器人与机床协同工作，支持机器人与生产线上工装夹具等辅具协同工作，支持双臂机器人协同工作，等等。

5. 开放式工艺库

DTF 软件提供了完全开放的加工工艺指令文件库，用户按照自己的需求可以自行定义、设置自己独特的工艺，任何添加指令都能注入机器人数据库。

后处理器连接机器人模拟程序和机床 CNC 程序，生成特定机器人制造商的机器人运行控制程序，加载和控制机器人运动。客户可以按照生产工艺要求，自行定制特定的后处理器。

与机器人数据库对应，DTF 配置了强大的后置处理库。离线编写的机器人程序和生产工艺都可以转化为特定型号机器人的程序语言，加载至机器人，开展机器人运动正确性和合理性验证。

6. 软件界面及操作

DTF 界面和帮助文件支持中文、英文等多国语言，大大降低了软件学习难度。同时软件界面非常人性化，采用市面上主流软件的 UI 方案，操作能得心应手。其独创的即插即用（Plug and Play，PnP）功能，能够更便捷地连接各组件，搭建布局犹如搭建积木，非常实用便捷。此外，软件提供了两套搭建布局的解决方案（Works Library 和 Machine Tending），可快速搭建复杂方案，优于同类型仿真软件。

7. 生产节拍时间的精确计算

基于机器人控制器特征，DTF 软件能生成可配置的机器人运动路径，自动计算生产节拍，精确计算节拍时间，缩短调试周期。

8. 强大的离线编程能力

DTF 软件集成了功能强大的先进制造工艺离线编程功能，包括点焊、弧焊、激光切割、激光熔覆、3D 打印、水切割、喷涂、去毛刺、打磨抛光、涂胶等机器人典型作业任务。支持多机器人、多外部轴、复杂混合生产线离线和在线编程。强大的拓扑工具能拾取曲面上任何特征，自动完成工件 3D 运动路径规划。

DTF 软件离线编程支持各种 6 关节机器人、4 轴和 6 轴加工机床、KUKA KMCREIS 等变体机器人轨迹规划、过程属性调试和对应的工艺指令，也可从机器人端逆向输出程序，检查轨迹点或者进一步优化轨迹。

采用拓扑核心技术构建的智能选择工具，机器人路径规划不再需要单点拾取，单击面、边、几何体或者运动轨迹线，即可生成切割、焊接、喷漆和去毛刺等加工轨迹和法线。

DTF 软件提供了在线测量仪器输入接口，能读取测量仪器的实时测量数据，自动二次标定，保证单元模型、TCP、工件几何模型等与实际布局精确一致。

9. 智能工厂软件

DTF 仿真软件建立了包含各行业智能工厂的海量组件库，可以和用户共同构建和分享内置算法，包括机器人、生产线组件、操作工、AGV 等模型，涵盖机器人作业单元到整个无人智能工厂。运用 DTF 软件规划设计智能工厂，可减少大量建模时间和工作量，大幅提高整个行业的效率。

三、Digital Twin Factory 应用

1. 教学培训

近年来，我国制造业转型升级的步伐日益加快，智能工厂个性化设计方案的需求日益迫切，国内智能工厂系统集成商数量快速增长，需要大量具备智能工厂设计开发的技能型人才。掌握和应用 DTF 软件工具，是培养智能工厂设计开发人员必备的技能。

DTF 软件致力于培养我国智能制造工业机器人应用人才，提倡工业机器人虚实一体化教学，通过建立智能工厂虚拟仿真系统、工业机器人综合实训工作站，转换工业典型案例为教学资源。DTF 软件以工业制造典型应用为场景，选择大量智能工厂规划设计的真实案例，开发教学资源，可以有效培养学生的实践和创新能力。DTF 软件不仅可以帮助学生了解不同型号的工业机器人，而且能够增强学生整合多种加工和测量设备的复合能力。

在工业机器人仿真示教，尤其在工业机器人基础操作教学阶段，利用 DTF 软件可以开展工业机器人基础操作、3D 建模、场景搭建等练习，以及综合实验等，为学生熟练掌握工业机器人操作、构造、工作原理和使用等相关知识，达成教学目标，提供了可靠手段。

2. 多样化方案设计

针对用户多样化解决方案，DTF 软件为用户提供了以下帮助：

1）减少工程更改成本，预见并减少规划风险。

2）减少工艺规划时间，提高规划质量。

3）成熟的组件库，可帮助用户快速确定方案。

4）人性化操作界面，大大降低了用户的学习成本。

5）开放式体系结构，方便用户定制自己需要的工具。

6）数据统计及分析功能，直观地显示了设计方案的成本和效率。

7）工序时间和成本预先分析功能，能够帮助用户优化，寻求最佳方案。

8）支持多样化格式文件的导入功能，大大节省了方案的设计时间。

9）软件出色的输出功能，大大降低了设计文本制作的成本。

10）虚拟投产，验证资源的交互性、生成率和程序的完善性，在方案设计阶段能够及时发现问题，减少了现场调试时间。

11）可以根据工厂实际情况，定制个性化的工艺层次结构和资源库。

12）减少工艺设计和工程管理的重复工作，提高了重用率。

章 节 练 习

1. 为什么要发展虚拟仿真技术，其技术优势有哪些？

2. 理解数字孪生技术，试想未来应用场景。

3. DTF 软件优势和应用范围有哪些？

4. DTF 软件支持的模型文件格式有哪些？

2

第二章

Digital Twin Factory 应用基础

第一节　软件主界面简介

学习目标：

1）认识软件主界面各功能按钮。

2）了解软件工作区及辅助功能。

一、Digital Twin Factory 运行环境

1. 配置说明

DTF 内置全球最先进的模拟引擎，软件具有强大的图形编辑功能，提供基于云服务的互联网大数据组件库，可快速创建和发布各种自动化生产线与无人工厂的 3D 模型，同时支持多机器人协同工作和路径规划离线编程（Offline Programming，OLP），物料自动化节拍控制，机器人虚拟机与 PLC 模拟，可虚拟联调和陪产大型自动化生产线和无人工厂，与其他 CAD/CAM 软件相比，为用户设计制造工艺流程节省大量的时间和成本。此外，还可以通过建模、连通性等功能，实现设备开发前期方案验证、程序测试等，这是 DTF 软件深受用户欢迎的主要原因。

DTF 软件对计算机硬件配置有一定要求，过低的硬件配置会影响软件设计效率，计算机配置需求见表 2.1。

表 2.1　计算机配置需求

类别	最低配置	推荐配置
CPU	i5-3xxx 或同等处理器及以上	i7-8xxx 或同等处理器
内存	8GB 及以上	16GB
硬盘可用空间	4GB 及以上	8GB 及以上
显卡	（集成核显）Inter HD Graphics 4400 及以上	（独立显卡）显存 4GB 及以上，如 GeForce GTX1080
图形分辨率	1280×1024 像素及以上	1920×1080 像素及以上
操作系统	Win10-64 位	Win10-64 位

2. 安装说明

获取软件安装包"Digital_Twin_Factory Setup.exe"，确认计算机联网，双击打开安装包，进入安装页面，如图 2.1 所示。

单击"下一步"后，出现"许可证协议"界面，勾选"我接受许可证协议中的条款（A）"复选框，继续单击"下一步"按钮，如图 2.2 所示。

DTF 安装教程

图 2.1　DTF 软件安装页面 1

图 2.2　DTF 软件安装页面 2

进入"选择组件"界面，勾选所有选项，然后单击"安装"按钮，如图 2.3 所示。

接下来进入安装状态，出现"正在安装"界面，如图 2.4 所示。请耐心等待，安装时间取决于计算机性能。

图 2.3　DTF 软件安装页面 3

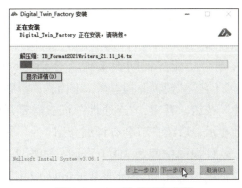

图 2.4　DTF 软件正在安装

安装完成后，从开始菜单或者桌面打开 DTF 软件。初次打开 DTF 软件时，需要激活 DTF 软件，此操作请咨询软件供应商。

DTF 主界面介绍第一部分

二、Digital Twin Factory 主界面介绍

启动 DTF 软件后，计算机窗口将显示如图 2.5 所示的界面，这是 DTF 应用程序常见窗口视图，称为"开始页面"，也是软件的主界面，其显示形式和 Windows 其他应用软件相似，各区域分布明确，方便初学者了解软件各类菜单功能，充分体现了 DTF 软件界面友好、易学易用的特点。

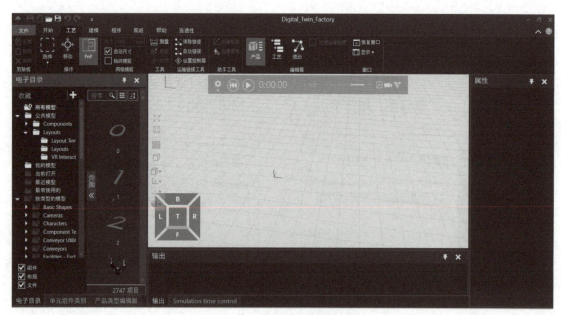

图 2.5　DTF 软件开始页面

软件左上角为快捷功能按钮区，包含"新的""打开""保存""另存为""撤销""重复"六个常用功能，可通过单击右边的三角形箭头，如图 2.6 所示，在下拉列表中勾选设置快捷功能按钮的显示与隐藏。

在 DTF 软件正上方显示软件的名称和当前项目名称，若当前无项目，则不显示项目名称。快捷按钮下方则为功能界面切换按钮，分别有"文件""开始""工艺""建模""程序""图纸""帮助"以及"连通性"按钮。其中，"连通性"按钮需要开启相关功能才会显示，后续章节会有详细介绍。

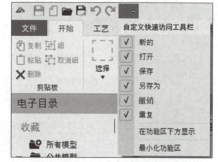

图 2.6　DTF 软件自定义快捷功能按钮

软件视图中间为 3D 工作区，如图 2.7 所示，用于模型的显示和操作，后续将详细介绍。标题栏右上角是标准 Windows 应用程序视图的三个控制按钮，分别为"缩小窗口"按钮、"还原窗口"按钮和"关闭应用程序"按钮。

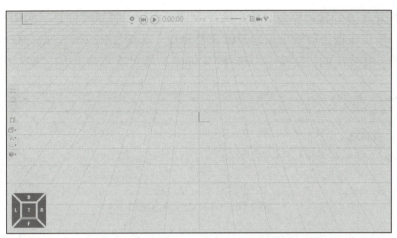

图 2.7　DTF 软件 3D 工作区

DTF 软件左侧区域为"电子目录"以及"单元组件类别"。"电子目录"显示软件自带的各种设备模型、虚拟场景，如图 2.8 所示，如机器人工具模型、机器人模型、机床模型等，这些模型将自动联网更新，并且大多数模型支持参数化定义，便于用户根据需求快速设定合适的设备模型，可用于方案设计验证、设备分析、自行学习等。"单元组件类别"显示当前项目中所有模型组件，如图 2.9 所示，并且会根据各模型类别分类显示。

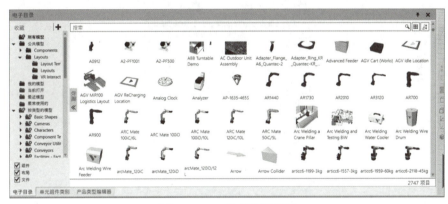

图 2.8　DTF 软件电子目录

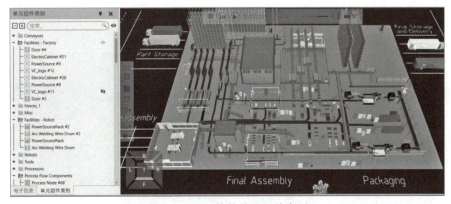

图 2.9　DTF 软件单元组件类别

DTF 软件正下方为输出窗口，输出关于事件、命令、报错等信息，向用户反馈软件操作状态，用户可以根据当前输出信息及时调整操作，如图 2.10 所示。鼠标指针停留在输出窗口中，右击，在弹出的快捷菜单中选择"Clear"，即可清空输出框中所有消息。

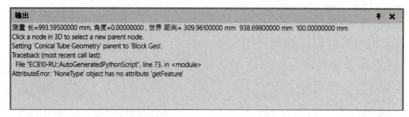

图 2.10　DTF 软件输出窗口

软件最右侧为当前选中物体的属性面板，可以根据需要编辑调整选中物体的属性信息，如位置、材质、组件可见性以及资源库中支持数字化定义的组件大小等。如图 2.11 所示，以 ABB 公司 IRB120 型机器人为例，展示了机器人模型的相关属性。

图 2.11　IRB120 型机器人属性面板

功能界面切换按钮与工作区之间的区域，为功能选项区，或称作工具栏。为了与其自带的工具栏选项区分，称为功能选项区。不同界面内含有不同的功能选项，图 2.12 所示为"开始"界面的功能选项区，其他页面的功能选项区后续将详细介绍。

图 2.12 "开始"界面功能选项区

（1）剪贴板 选中模型后，单击"复制"按钮，再单击"粘贴"按钮，则可生成一个模型复制体。"删除"按钮可以删除当前选中的模型；"组"按钮可以将多个模型添加至一个模型集合中，方便统一拖拽等操作；"取消组"按钮则解散已经创建的"组"。

（2）操作 "选择"包含四种选择模式，即"长方形框选""自由形状选择""全选""反选"，如图 2.13 所示。多种选择方式方便操作者快速、精准选择目标模型。

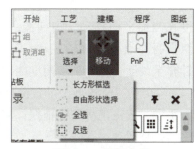

图 2.13 选择方式

"移动"功能激活时，在被选中模型原点处出现一个坐标框，可以移动、旋转模型，具体操作规则如图 2.14 所示。

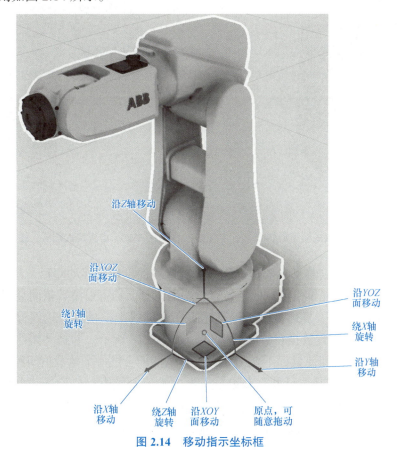

图 2.14 移动指示坐标框

"PnP"是 DTF 软件独有的一种连接方式，实现已定义接口模型之间快速交换数据。

如图 2.15 所示，工具与机器人末端法兰盘通过 PnP 连接后，机器人可直接读取信号，控制夹爪动作，不再需要其他编辑操作。带有 PnP 连接功能的模型，在接口处会出现黄色三角形，连接成功后，三角形变成绿色。另外，在 PnP 连接模式下，模型也可以实施类似于"移动"的操作。直接拖拽模型，模型可在当前平面移动。拖拽蓝色圆环，模型可绕自身原点处坐标轴旋转。旋转时，鼠标指

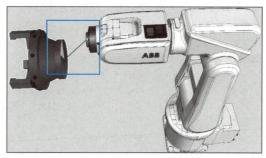

图 2.15　PnP 模式模型连接

针移至刻度线上，旋转角度能按整数倍调整，如图 2.16 所示。

"交互"模式下，可直接操作可移动部件，当鼠标移至可操作部件上时，指针形状变为手型，按住鼠标左键拖拽，即可移动当前动作部件，如图 2.17 所示，在交互模式下拖动机器人轴运动。

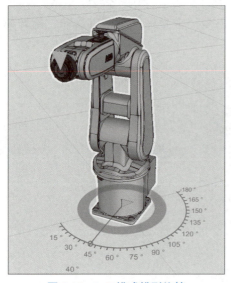

图 2.16　PnP 模式模型旋转

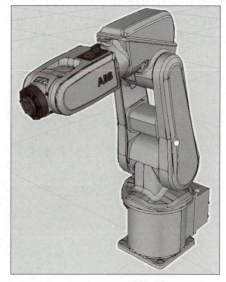

图 2.17　交互模式机器人轴拖动操作

（3）网格捕捉　在"移动"操作模式下，网格捕捉可控制移动间距。首先需要清楚一个概念，在移动、旋转操作中，鼠标指针移至刻度线上，均可以整数倍调整间距值。

未勾选"始终捕捉"复选框时，且鼠标不在刻度线上，模型将以线性方式移动，即随鼠标拖拽移动，其位置数据可以为任意值，如图 2.18 所示。勾选"始终捕捉"复选框后，再拖拽移动模型，即使鼠标不在刻度线上，模型仍会按一个整数值间距单位移动，如图 2.19 所示，这个数值是"尺寸"右边输入框中数值的整数倍。勾选"自动尺寸"复选框时，系统将根据当前视角、模型缩放状态，自动调整刻度线分度，不能人为修改。如图 2.20 所示，两种不同缩放视角下，移动间距尺寸自动调整至合适值。取消勾选"自动尺

寸"复选框后，则可自由输入移动间距值。

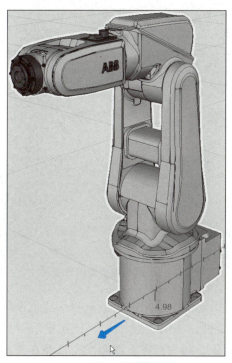

图 2.18　"始终捕捉"未勾选

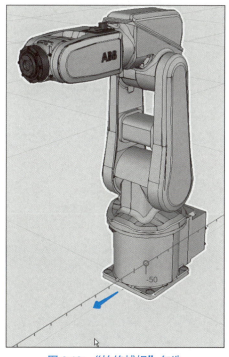

图 2.19　"始终捕捉"勾选

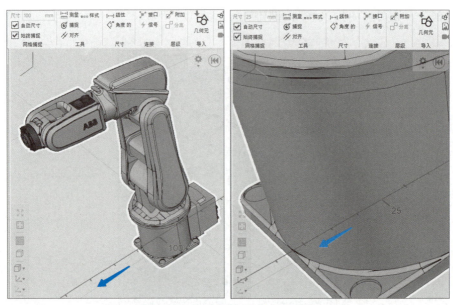

图 2.20　不同缩放视角的自动尺寸

（4）工具 "测量"可用于测定模型上被选取目标点之间的距离或角度，测量功能如图 2.21 所示。选取方式有多种，如图 2.22 所示，依次选取目标点即可完成测量，测量结果在虚拟场景和输出框中显示，包含两点直线距离，以及在 X、Y、Z 方向上投影距离。

DTF 主界面
介绍第二部分

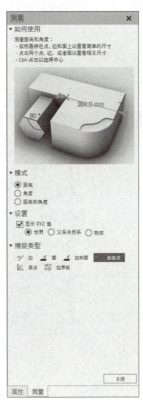

图 2.21　测量功能

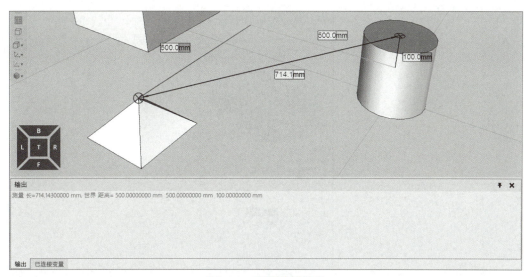

图 2.22　测量结果输出

　　"捕捉"用于模型快速定位。选中一个模型后，进入捕捉状态。此时，可用鼠标在目标位置选点，再快速移动选中的模型至选定点。移动时，模型原点作为移动参考点。选取目标点时，可在右侧功能框内修改目标位置类型、选点方式、对齐方向，如图 2.23 所示。利用"捕捉"功能，可以在设计布局时，快速、精准调整模型之间的位置关系。

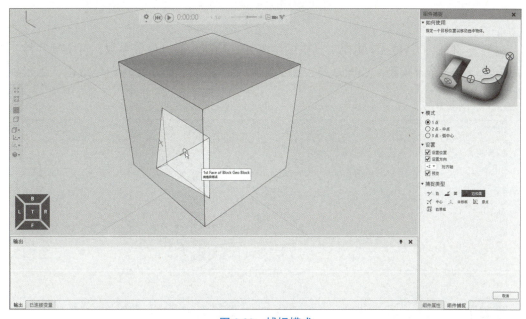

图 2.23　捕捉模式

　　"对齐"也是一种调节模型姿态或位置的方法，如图 2.24 所示。选中物体后，单击"对齐"按钮，进入选点模式。首先在模型上选择需要调节的位置，再选择参照物上的位置。与"捕捉"类似，在"对齐"操作中，也可以切换选择目标的类型。其中，"设定位置"和"设定方位"表示在调整模型时可分别操作模型的位置和姿态。

图 2.24　对齐功能

"样式"类似于其他 3D 建模工具中的"阵列"功能。通过设置参数，可实现线性、夹角两种阵列方式布置模型，如图 2.25、图 2.26 所示。在此状态下出现白色线框，用于预览阵列中各模型的位置分布。

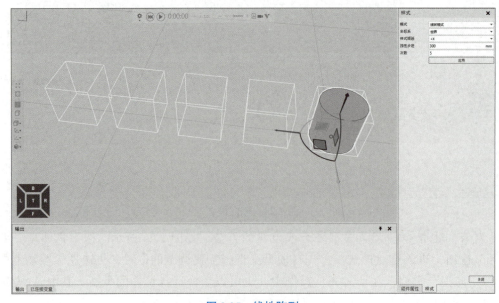

图 2.25　线性阵列

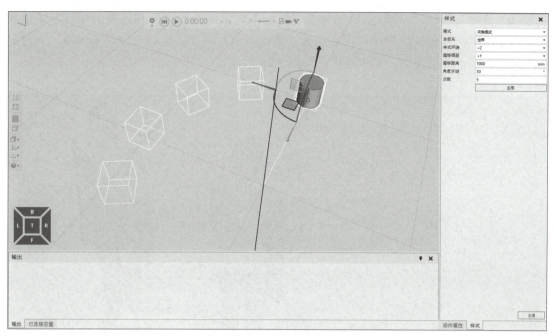

图 2.26　夹角阵列

（5）尺寸　"线性"可用于虚拟世界中两点间距离标注。"角度"用于标注模型上两个相交边的夹角。

前文提到，通过"测量"功能也可以得知上述数据。与"测量"功能不同，这种尺寸标注的数据始终显示，并且还可以修改标注数据的属性，如图 2.27 所示。

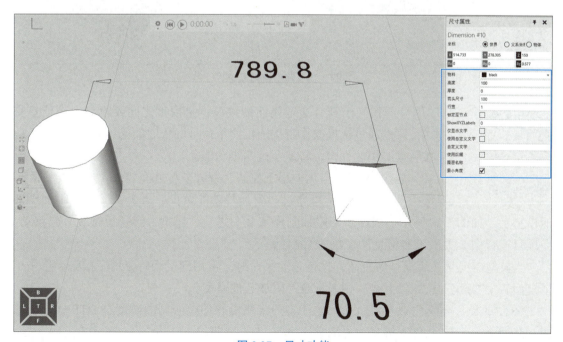

图 2.27　尺寸功能

（6）连接 "接口"可以显示当前选中模型中包含与其他组件相连接的端口。绿色表示该模型已经与其他模型的接口存在连接，黄色表示有可连接的端口但尚未连接，灰色表示不具有连接条件的端口，无法连接，如图 2.28 所示。

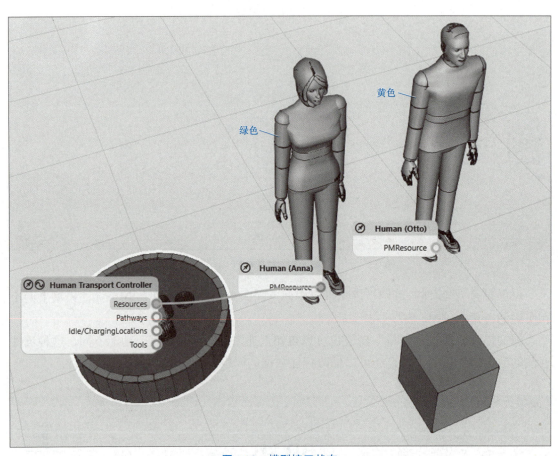

图 2.28　模型接口状态

图 2.28 彩图

"信号"相当于具有指定属性的接口，是模型之间或模型内部信息交互方式，可以通过拖拽操作直接连接两个信号面板之间的信号。

在后续实操教程中，将涉及这两个功能。

（7）层级 "层级"功能用于控制、查看模型之间的包含或层级关系。

选中一个模型后，可通过"附加"功能页面，查看其父级或附加至其他模型上，如图 2.29 所示。当模型 A 附加到模型 B 上之后，模型 A 会随模型 B 一起移动。在项目运行中，关联更多信息的应用非常常见。

当模型需要从父级模型中脱离，保持独立关系时，常用到模型"分离"操作。选中一个模型后，"分离"按钮没有亮，则表示没有附加其他模型。

（8）导入 "导入"功能用于导入在其他 3D 建模软件中绘制的模型至 DTF 软件，如图 2.30 所示，DTF 软件支持多数主流文件格式。

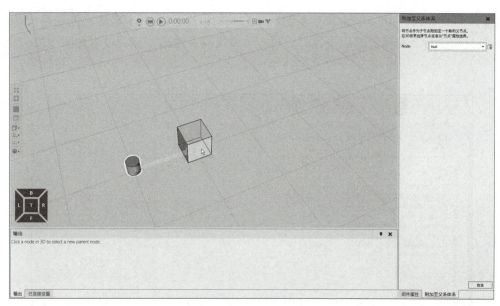

图 2.29 附加功能

图 2.30 导入功能支持的文件格式

按图 2.31 序号标识的顺序操作，完成模型文件导入。导入时，支持模型轻量化处理，在页面右侧参数设置栏，可以调整几何模型渲染精度、控制几何模型显示细节、过滤几何模型无用的孔洞等，通常情况下默认即可。

（9）导出 "导出"功能用于 DTF 软件项目转化成多种类型格式文件。"几何元"选项导出选中或者全部几何模型，支持多种主流格式；"图像"将当前视角几何模型转化成图片输出，在此选项中可以修改图片尺寸、分辨率和图像渲染方式；"视频"记录当前项目仿真运行过程，并按指定格式输出；"PDF"与导出视频类似，也能自动运行项目，项目运行过程记录在 PDF 文件中，需要使用 PDF

DTF 主界面
介绍第三部分

浏览器观看；"BOM"可以将设定与当前项目有关的信息，以 CSV 格式文件导出；"Signals to.csv"自动统计当前项目的信号接口，写入表格文件并输出。相关过程如图 2.32~ 图 2.35 所示。

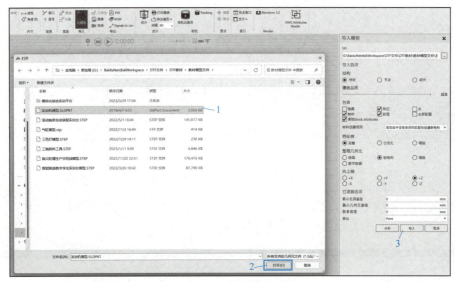

图 2.31　导入模型操作

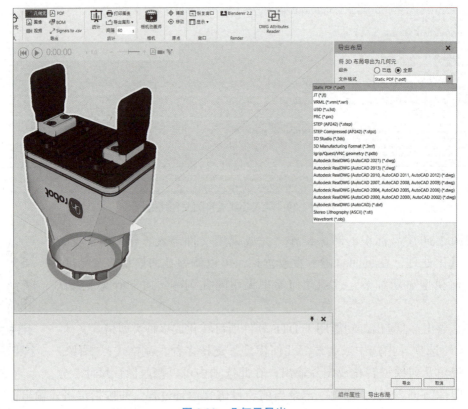

图 2.32　几何元导出

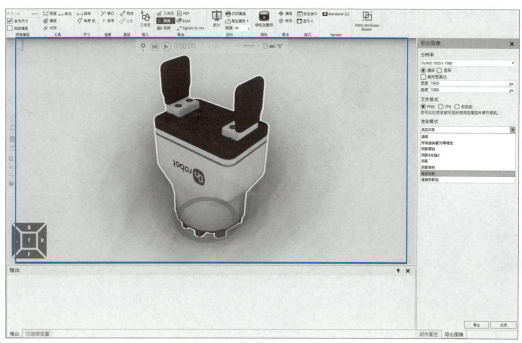

图 2.33　图像导出

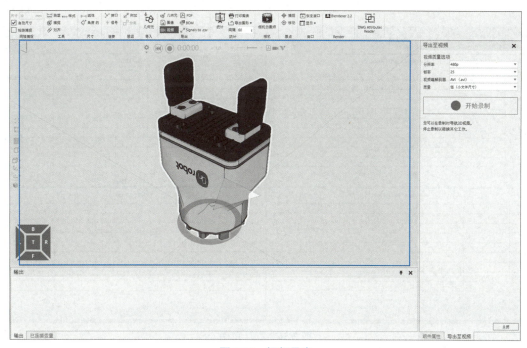

图 2.34　视频导出

（10）统计　"统计"功能通过图形方式显示当前项目运行过程和变量变化情况，如图 2.36 所示。显示方式和图示类型都可以自行修改，如图 2.37 所示。

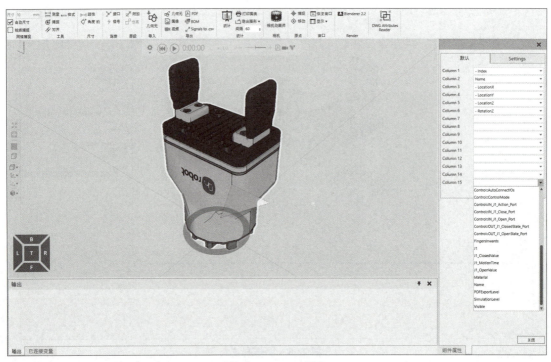

图 2.35　BOM 导出

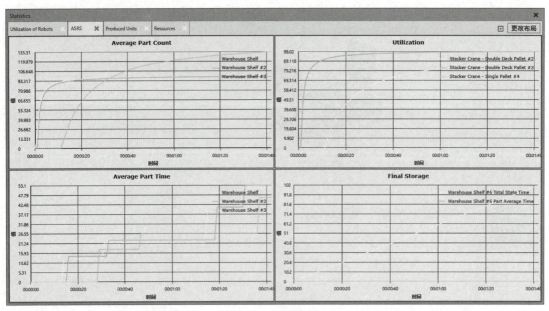

图 2.36　统计页面

（11）相机　"相机动画师"可以在项目运行的某个时间点，自定义一个视角并记录项目运行，突出当前时刻运行展示，如图 2.38 所示。当启动项目运行时，会按照时间顺序，在设定的视角之间自动转换，项目运行过程更加美观、自然，常用于客户展示。

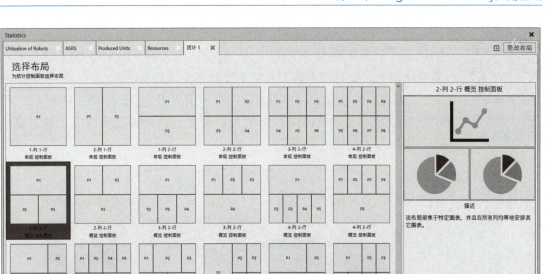

图 2.37　编辑图标

图 2.38　"相机动画师"编辑页面

（12）原点　该功能中"捕捉"和"移动"都用于修改当前选中模型的原点，需要注意与"工具"中"捕捉"的区别。原点是 DTF 软件非常重要的概念，也是所有模型非常重要的一个属性。

"捕捉"修改原点，可以直接在虚拟世界中选点，如图 2.39 所示。"移动"则是原点参数化修改，如图 2.40 所示。两种原点修改方式都需要单击"应用"才能完成修改。

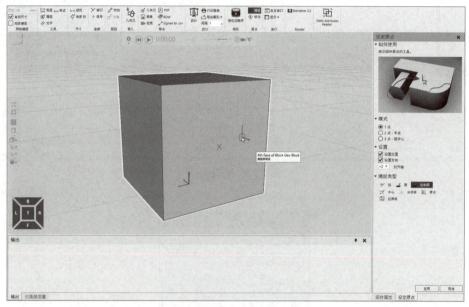

图 2.39　"捕捉"模型原点修改

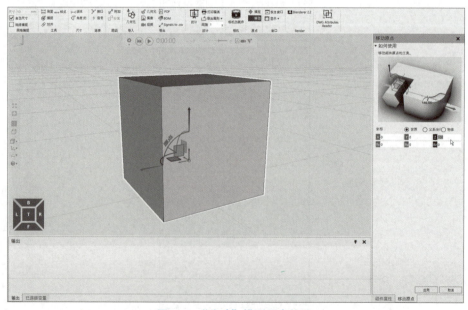

图 2.40　"移动"模型原点修改

（13）窗口　"恢复窗口"可以恢复 DTF 软件默认布局。在"显示"下拉列表中，可勾选需要显示的复选框，如图 2.41 所示。

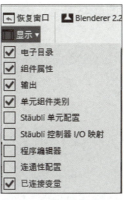

图 2.41　窗口控制显示

（14）Render　此功能需要安装 Blender 插件，此插件具有建模、渲染功能。通过此插件，可以渲染当前选中的模型，输出渲染图片，也可以自行确定渲染结果的导出位置。通过修改参数、添加虚拟光源，几何模型可生成高质量、精美的渲染图片，如图 2.42 所示。初次使用时，需要手动选择 Blender 插件安装位置。

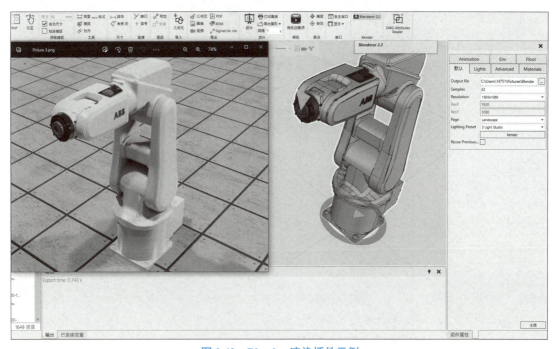

图 2.42　Blender 渲染插件示例

（15）DWG Attributes Reader　"DWG Attributes Reader"可以导入 DTF 软件包含布局

信息的 2D 文件，再转换成 3D 布局。在导入文件时，需要勾选"读取 block attributes"复选框，如图 2.43 所示。导入后，可以看到虚拟场景中显示一张图纸。同时，左侧单元组件类别只显示一个文件，如图 2.44 所示。最后单击"DWG Attributes Reader"，DTF 软件自动将 2D 平面图转换成 3D 场景，如图 2.45 所示。

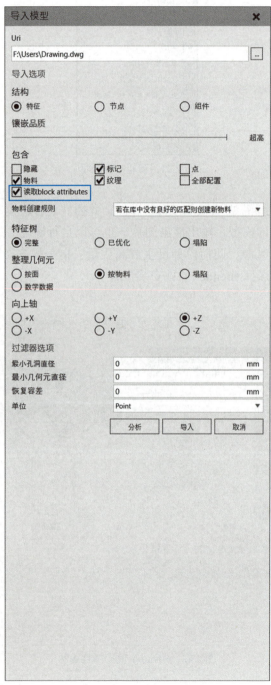

图 2.43　2D 图纸导入参数设置

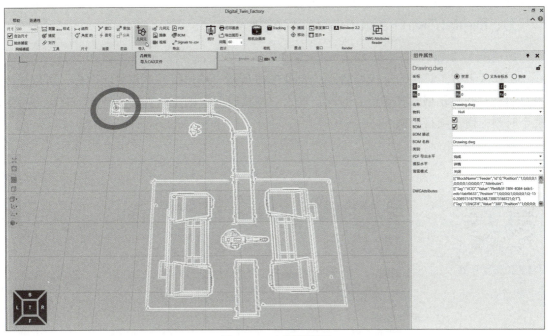

图 2.44　2D 图纸导入

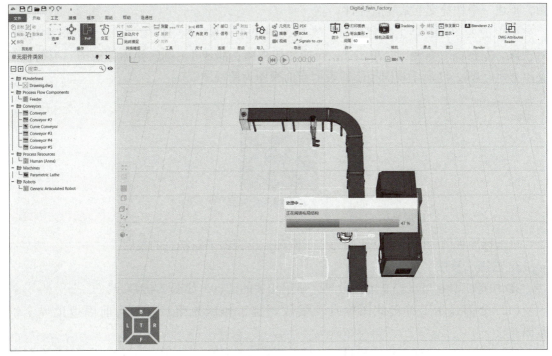

图 2.45　2D 平面图纸至 3D 布局生成

三、Digital Twin Factory 工作区介绍

1. 运行控制器

工作区上方工具栏为运行控制器，如图 2.46 所示，单击最左侧齿轮状图标，可以修改项目运行时间显示格式和运行总时间，输入"预热时间"则可以直接跳转到项目运行后的某个时刻，便于项目调试。

DTF 工作区介绍

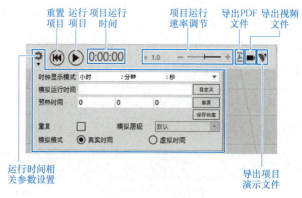

图 2.46　项目运行控制器

2. 视图控制器

视图控制器包含六个标准视图，即主视图、俯视图、左视图、右视图、仰视图、后视图，形成一个快捷交互式导航控件。

可单击视图控制器上任意位置，实现视图快速转换。F、B、L、R 分别对应主视图、后视图、左视图、右视图；单击 T，转换为俯视图；双击 T，则转换为仰视图。当前视图突出显示，图 2.47 所示视图控制器表示当前视图为俯视图。

图 2.47　视图控制器

单击标准视图间隙处，可切换为处于两种标准视图中间状态的视图。

3. 快捷工具栏

3D 快捷工具栏可以控制虚拟世界，显示相关的信息，如图 2.48 所示。

（1）全部显示　单击此图标自动缩放调整工作区视角，显示当前虚拟世界全景布局。

（2）显示选中目标　在选择目标的情况下单击此图标，工作区自动缩放调整视角，当前选中的目标显示在工作区视角中央。

（3）照明灯　模拟光照下模型渲染效果，根据需求确定是否需要开启。

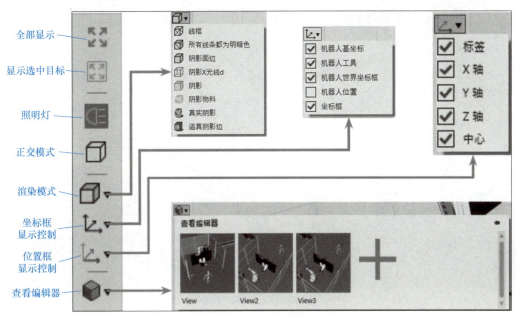

图 2.48　3D 快捷工具栏

（4）正交模式　此图标用于切换虚拟世界模型显示方式。未激活时，虚拟世界呈现近大远小等视觉效果，如图 2.49 所示。激活后模型以正交投影方式显示，如图 2.50 所示。

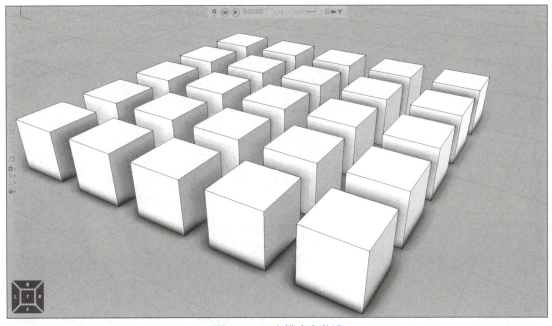

图 2.49　正交模式未激活

图 2.50　正交模式激活

（5）渲染模式　此图标用于切换渲染模式，多种渲染模式便于操作者观察、调整模型等。

（6）坐标框显示控制　此图标用于控制各种坐标框显示。

（7）位置框显示控制　此图标用于控制坐标框信息显示方式，如图 2.51、图 2.52 所示。

（8）查看编辑器　此图标搭配"相机动画师"功能，用于显示、切换相机动画师创建的各种视角。

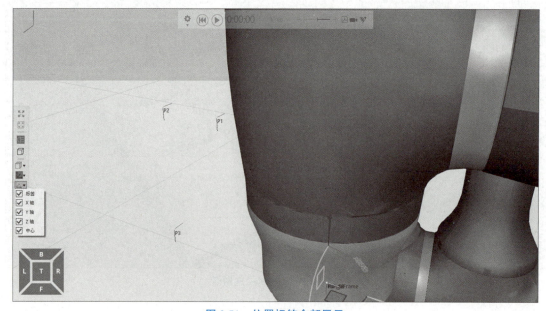

图 2.51　位置标签全部显示

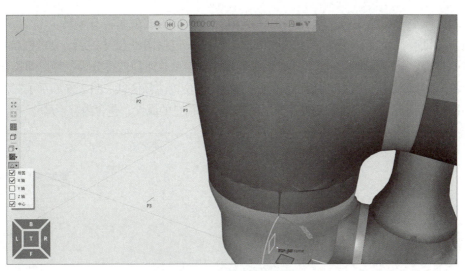

图 2.52　位置标签部分显示

四、Digital Twin Factory 辅助功能介绍

前面介绍了 DTF 软件开始页面——主页面的相关内容，其他几个主要功能模块后续将详细介绍，此处介绍 DTF 软件的辅助功能页面。

1. 图纸页面

图纸页面可以起草、设计、导出和打印不同视图下的平面图纸。

虚拟场景搭建完成后，单击菜单栏上的"图纸"按钮，切换至图纸页面，如图 2.53 所示。页面右侧会显示属性面板，显示当前几何模型图纸的属性。

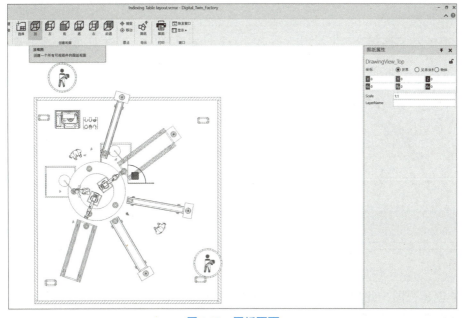

图 2.53　图纸页面

图纸页面上方功能栏与主页面相似，本部分仅介绍图纸页面特有功能。

（1）图纸　此功能用于选择当前图纸绘制模板，包括图纸尺寸控制，如图 2.54 所示。

（2）注释　此功能可以在图纸任意位置创建注释信息，注释信息分为三种，即长方形、气圈、文字。前两种创建位置指向性注释，第三种为自由位置注释信息。图 2.55 展示了三种注释信息。选中注释信息后，可以在右侧属性面板内修改注释信息的属性，包含内容、尺寸、颜色等。

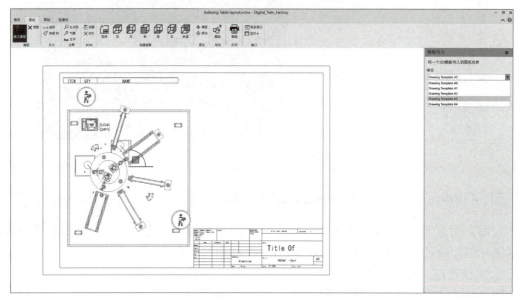

图 2.54　图纸模板选择

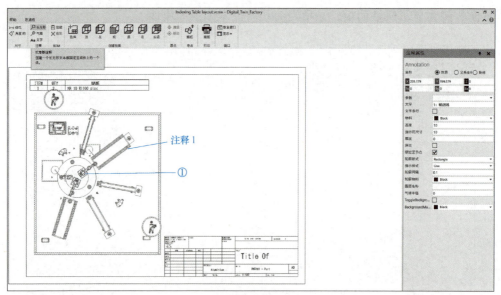

图 2.55　图纸注释

（3）创建视图　此功能栏"选择"按钮可以生成 3D 任意框选范围的图纸，或通过右侧六种预设视角生成图纸。

2. 帮助

"帮助"信息用于了解 DTF 软件基本信息，访问产品文档，帮助使用者熟悉基本功能，学习软件基本应用等，如图 2.56、图 2.57 所示。

图 2.56　帮助菜单栏

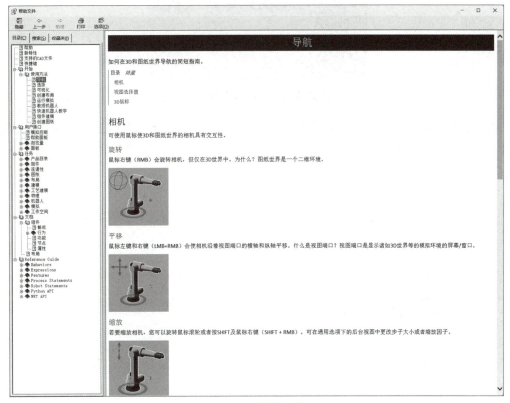

图 2.57　帮助文件

第二节　软件功能选项

💡 **学习目标：**

1）认识软件功能选项页面设置。

2）了解软件功能参数选项。

3）掌握软件设置方法。

一、"打开"页面

DTF 导航菜单位于程序视图左上角，单击"文件"，可打开各导航信息后台页面，如图 2.58 所示。

软件功能选项

图 2.58　导航文件页面

进入导航文件页面后，默认停留于"打开"功能栏。此功能栏显示最近使用项目文件的名称和位置，也可通过"计算机"选项，手动选择项目位置并打开。

二、"清除所有"按键

"清除所有"将清空当前虚拟场景，新建一个空场景。若当前虚拟场景不为空，则会询问是否需要保存，如图 2.59 所示。

图 2.59　"清除所有"时确认弹窗

三、存储管理

"保存"与"另存为"用于保存项目文件，在"另存为"功能栏中，DTF 软件右侧显示信息设定需要注意三个选项，即"包含组件""包含组件原始路径""自动增量版本"，如图 2.60 所示。勾选"包含组件"复选框，表示保存文件时模型信息将直接保存至项目；只勾选"包含组件原始路径"复选框时，只保存项目路径信息，不保存模型信息，当模型文件位置改变时，项目将无法读取模型；勾选"自动增量版本"复选框，在每次保存项目文件时，自动生成一个"*.bk"格式文件，该文件是当前项目的备份文件，可以直接拖至软件工作区。建议这三个选项全部勾选。

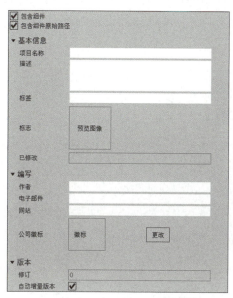

图 2.60 "另存为"选项

四、打印管理

"打印"栏可设定打印目标、设备、模式、区域等信息，右侧为打印预览，如图 2.61 所示。

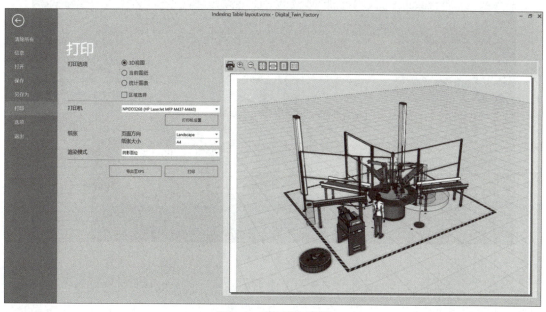

图 2.61 "打印"选项

五、选项设置

"选项"栏设置 DTF 软件多种功能信息，大多保持默认即可，这里只讲解设定的项目。

"通用"→"个性化"→"主题"可将软件设置为黑色或白色风格，如图 2.62、图 2.63 所示。

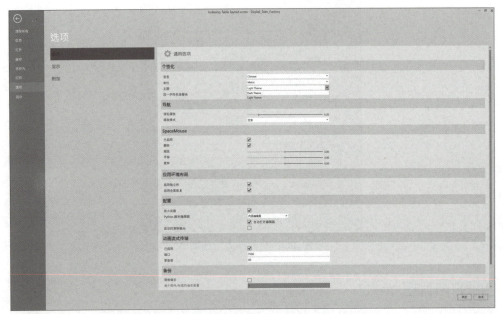

图 2.62 "通用"→"个性化"→"主题"选项

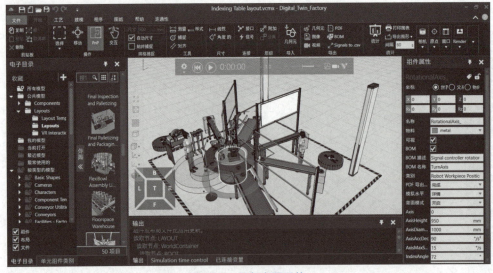

图 2.63 黑色主题风格

"显示"→"地面显示选项"用于设定虚拟场景颜色、地面网格尺寸等信息，这里建议勾选"世界原点坐标框"复选框。勾选后，虚拟世界原点出现一个坐标框，便于布局时选择固定参照物。"显示"→"绘画视图"用于控制项目导出文件渲染精度，根据计算机性能或使用需求选择合适档位，如图2.64所示。

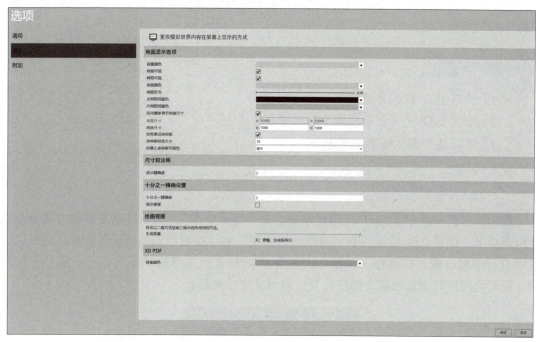

图2.64　"显示"选项

"附加"→"连通性"用于DTF软件与外部设备或系统通信连接，是数字孪生的重要功能，需要启用，如图2.65所示。所有设置结束后，需要单击右下角保存选项，"附加"功能在软件重启后生效。

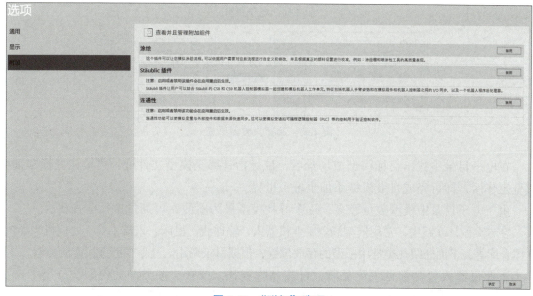

图2.65　"附加"选项

第三节　简单仿真场景设计

学习目标:

1）了解 DTF 软件自带模型库。

2）掌握 DTF 软件自带模型参数化修改方法。

3）掌握简单虚拟场景搭建方法。

一、认识电子目录

前面章节简单介绍了 DTF 自带模型库，即"电子目录"。电子目录按多种方式分类软件自带模型，如图 2.66 所示，有"按类型的模型"和"按制造商的模型"两种。另外，还可以自行添加收藏及收藏组，如图 2.67 所示。可将常用模型整理至自定义收藏，方便调用。模型拖拽至自定义收藏文件图标处，即可完成收藏操作。

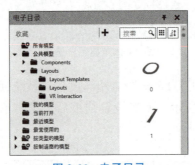

图 2.66　电子目录

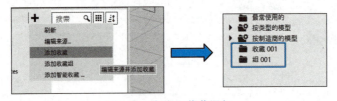

图 2.67　自定义收藏添加

在电子目录中找出目标模型或场景后，鼠标指针移至模型文件处，再按住鼠标左键拖拽至工作区，即可完成自带模型添加至虚拟世界。

由于电子目录中模型数量较多，逐个寻找模型极为不便，可通过搜索框查找。

在方案设计实践中，常用模型涵盖工业机器人、输送线、机床、末端工具、变位机、导轨、立体仓库等，下面介绍几类常用模型的存放位置，根据目录调用。其他模型查找方法类似。

工业机器人包含常见主流品牌，可按品牌查找，或在"按类型的模型"分类中选择"Robots"，在此分类中继续查找，也可以直接搜索查找，如图 2.68 所示。

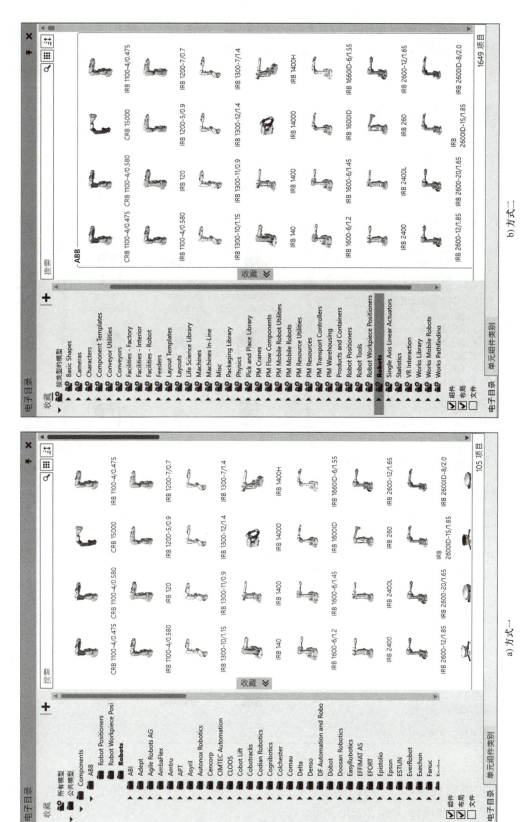

图 2.68 两种方式查找机器人

a) 方式一　　b) 方式二

DTF 软件自带多种输送线，如直线型、转弯型、筛选型等，建议通过"按类型的模型"分类，选择"Conveyors"下的"Visual Components"，查找选择，如图 2.69 所示。

图 2.69　输送线查找

在工艺流程规划中，经常用到各类机床，可通过"按类型的模型"分类，选择"Machines"，查找选择，如图 2.70 所示。

图 2.70　机床查找

DTF 软件自带的机床模型支持工艺仿真，即在项目仿真运行中有开关门、加工等动作，并且可以设定加工时间、模拟加工结果等，后续将详细介绍。

前面提到工业机器人，安装在机器人末端的工具也属于常用模型，在"按类型的模型"分类中，选择"Robot Tools"，如图 2.71 所示。在此分类中可以看到各种类型机器人末端工具，主要包括夹爪、焊枪、吸盘等。部分工具支持参数化修改，足以应对大多方案设计，也可以直接搜索查找。

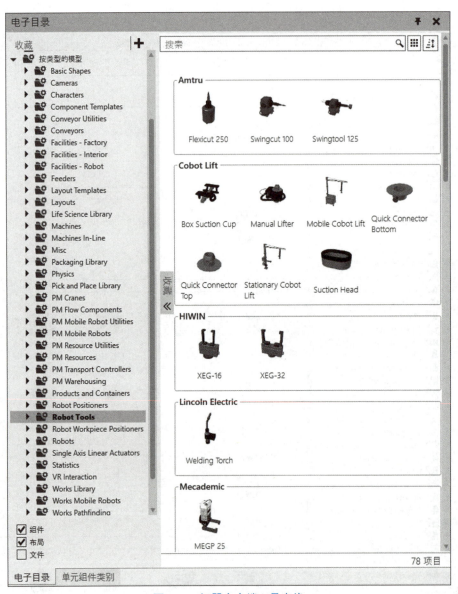

图 2.71　机器人末端工具查找

"按类型的模型"是查找模型的常用方法，读者可自行尝试在此分类下查找、调用设备模型。

二、简单场景搭建

在了解常用设备模型查找及调用方法后，可以尝试添加 DTF 软件自带模型至虚拟世界，修改参数更改模型状态，搭建虚拟场景。图 2.72 展示了一个简单的应用场景：两个组件发生器生成物体，运送至各自连接的输送线，最终转运至同一条输送线。场景中的模型均为软件自带。另外，部分模型通过修改参数调整状态。接下来，将介绍场景搭建方法。

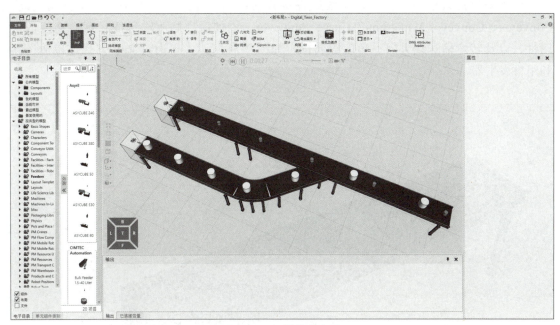

图 2.72　场景简单布局

　　首先添加组件发生器，这是一个可以生成物料的"产品源"，用于仿真设定好的产品。在"按类型的模型"分类中，逐级打开"Feeders"→"Visual Components"文件夹，拖拽"Basic Feeder"组件至工作区，如图 2.73 所示。

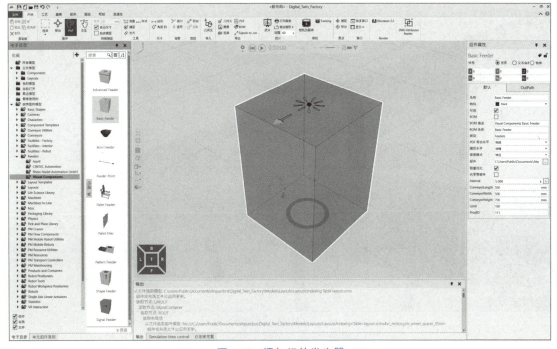

图 2.73　添加组件发生器

接下来添加输送线组件，输送线组件位置前面已有介绍，这里添加了三种输送线：Conveyor、Conveyor Y-merging、Curve Conveyor。添加后，修改输送线长度、速度值等属性，以及转弯输送线方向、角度等属性，如图2.74所示。再通过PnP方式连接输送线和组件发生器。

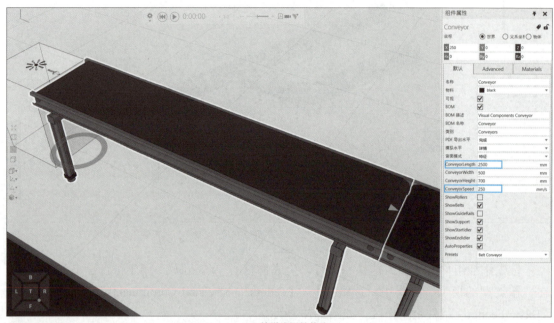

a) 输送线属性修改1

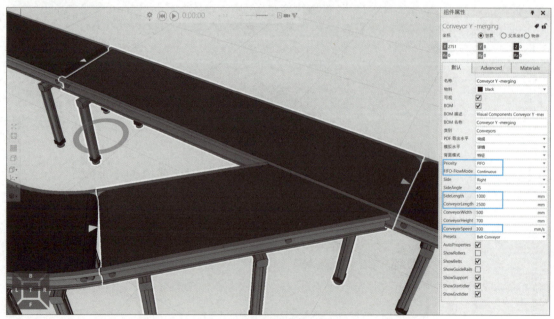

b) 输送线属性修改2

图2.74　输送线属性设置

c) 输送线属性修改3

图 2.74　输送线属性设置（续）

　　搭建完毕后，设置第二个组件发生器，生成部件。在电子目录中选择生成的组件，右击，在弹出的快捷菜单中选择"在 Explorer 中显示"，如图 2.75 所示，复制其地址。按图中标识顺序，先将此地址粘贴到"组件属性"对话框"部件"栏中，然后打开此路径下的文件夹，选择目标组件，最后单击"打开"按钮，如图 2.76 所示。

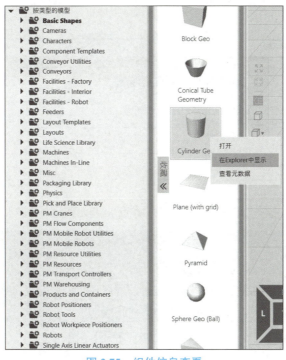

图 2.75　组件信息查看

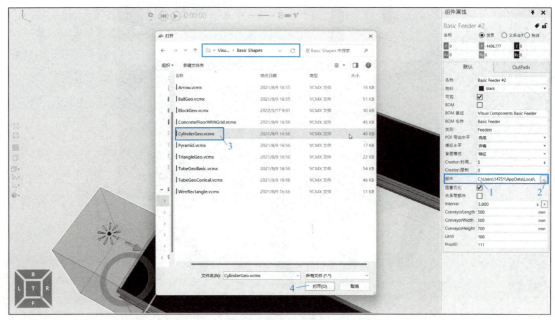

图 2.76　组件发生器生成目标组件设置

还有另一种方式修改组件发生器生成目标产品。右击目标模型，在弹出的快捷菜单中选择"查看元数据"，在弹出的对话框中复制 VCID，如图 2.77 所示。关闭对话框后，选中组件发生器，在其属性"部件"中输入"VCID："，并粘贴刚刚复制的 VCID，最后按〈Enter〉键，如图 2.78 所示。也可以设定组件发生器生成的目标模型。

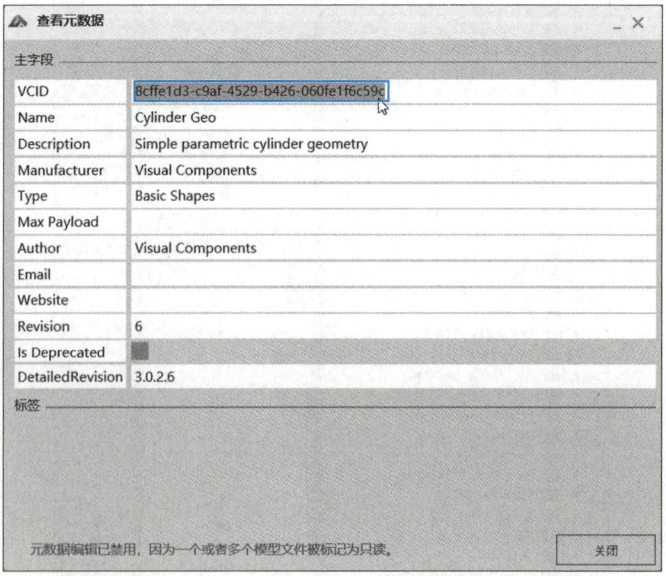

图 2.77　目标组件 VCID 复制

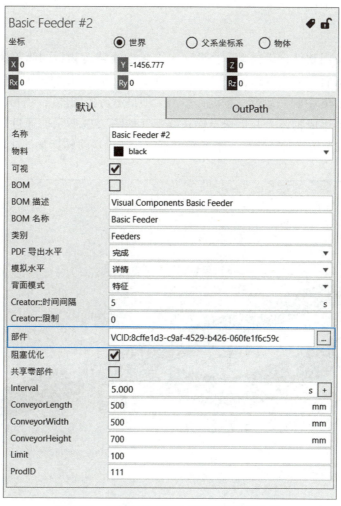

图 2.78　目标组件 VCID 粘贴至组件发生器

至此，一个简单的输送线转运物料仿真场景搭建完毕，场景中输送线长度、速度，以及生成物料的类型，均可通过属性设置完成操作。

第四节　项目运行控制及文件处理

学习目标：

1）掌握 DTF 项目运行验证方法。

2）掌握 DTF 项目运行控制器用法。

3）了解 DTF 项目调试排故方法。

4）掌握 DTF 项目文件处理方法。

一、运行项目

在第三节，使用软件自带模型库搭建了一个输送线转运物料的简单仿真场景。本节将运行仿真项目，从而了解项目运行中各种控制操作，以及项目文件的处理操作。

参考前面图 2.46 中的"运行"按键，单击"项目运行控制器"，项目自动开始运行，可以看到组件发生器生成物体，并运送至输送线上，如图 2.79 所示。通过控制运行速率控制器，可以加快或减慢仿真运行速度，本场景可直观反映输送线转运物体速度变快或变慢。

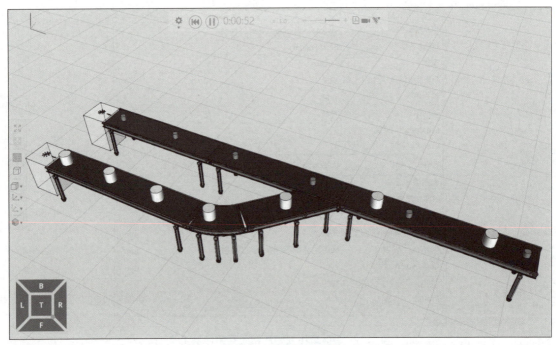

图 2.79　项目运行场景

二、调试及排除故障

运行项目后，若发现仿真效果和预想效果不符合预期，首先检查 DTF 软件输出窗口有无报错信息，根据报错信息修改相关设置。若无报错信息，则需逐步检查组件属性设置和 PnP 连接。

三、项目文件处理

当项目制作完成后，需要发布方案与他人分享。若直接发送项目文件，对方可能没有 DTF 软件打开，故 DTF 软件支持多种文件格式导出。常导出视频文件，即通过软件自带录屏功能，录制项目运行过程，最终生成视频文件。在录屏过程中，还可以搭配"相机动画师"多角度自由切换，制作更加美观和自然的画面；或导出为 3D PDF 格式文件，借助 PDF 文件浏览器，选择不同角度和运行时间点，观察设计方案。

章 节 练 习

1. 设置软件操作区背景以及地板颜色。
2. 从电子目录中拖拽模型，并通过右侧属性栏修改模型状态。
3. 使用电子目录中的模型，搭建简单仿真项目。
4. 使用 VCID 和文件浏览器两种方式设定组件发生器目标产品。
5. 搭建简单项目，运行项目，增加、减小运行速率，体会运行控制器的用法。

3

第三章

Digital Twin Factory 工艺应用

第一节　工艺模块简介

学习目标：

1）了解工艺模块应用意义。
2）掌握工艺界面各功能按钮。
3）了解工艺模块自带模型位置。
4）学习软件自带工艺项目。
5）掌握自定义工艺节点或设备的方法。

一、工艺模块意义

可以运用工艺模块管理设备、产品和工艺流程。该功能通过直观的工艺流程、快速的模拟设置和完善的模拟性能，可简化布局规划过程，便于生产场景布局规划和产能分析。

DTF 软件自带多个工艺项目。图 3.1 所示为 DTF 软件自带工艺项目之一，这个项目较为简单，工艺流程包含输送线转运、机器人搬运、人工操作，流程单一，无须过多自定义编辑，可用于初学练习。图 3.2 所示为 DTF 软件自带较复杂的工艺项目，包含多个工艺流程，虚拟工人、堆垛机、输送线、AGV、工业机器人等设备通过工艺节点连接。

这些工艺项目模拟实际生产场景，帮助设计者预测和了解实际布局、生产和运输等过程可能会遇到的问题，方便工艺设计、优化和排除故障，极大地降低了研发成本，缩短测试时间。

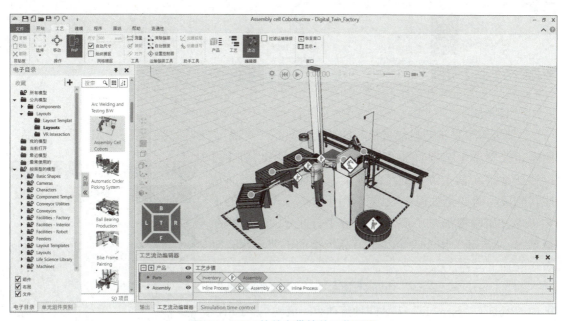

图 3.1　DTF 软件自带简单工艺项目

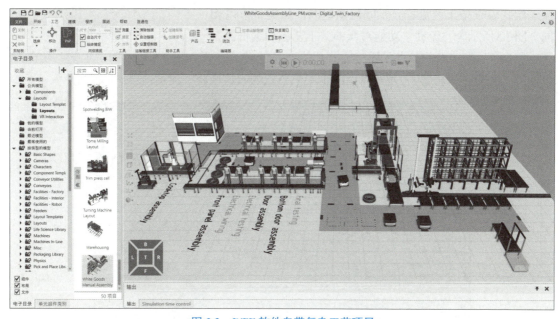

图 3.2　DTF 软件自带复杂工艺项目

二、工艺模块页面

工艺模块菜单栏如图 3.3 所示。其中，剪贴板、操作、网格捕捉、工具前四项功能与开始页面相同，此处不再赘述。下面按操作过程逐步介绍。

图 3.3　工艺模块菜单栏

1. 编辑器

"编辑器"是工艺模块最核心的功能，具备"产品""工艺""流动"三个选项。"产品"用于定义整个工艺项目涉及的生产目标，利用此功能可以快捷地定义某个节点的产品种类，直观地表现产品从原料到成品的变化过程；"工艺"用于修改某个节点的工艺程序，如模拟加工、产品类型转变、拆分、组合产品模型等；"流动"用于设定某个产品类型的工艺流程，对应实际加工过程。

图 3.4 所示为"产品"功能对应的"产品类型编辑器"，图中"Parts""Assembly"表示两种流动组。流动组"Parts"的"Spacer""BrakeDisk""DriveGear"代表产品类型，表示该流动组涉及的产品，"Inventories"为产品装配步骤。一种流动组代表一条工艺流程，不同流动组的产品类型可以相同。图 3.5 所示为"流动"功能对应的"工艺流动编辑器"，

图 3.4　产品类型编辑器

"工艺步骤"连接工艺节点，连接方式代表产品的转运方式。图 3.6 所示为"工艺"功能对应的"工艺程序编辑器"，用于自由编辑工艺节点的具体内容，设定该节点的功能。

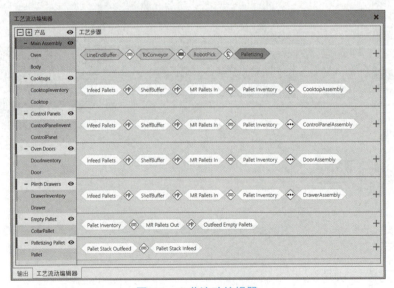

图 3.5　工艺流动编辑器

2. 运输链接工具

本栏的功能用于工艺节点之间的连接，选定目标流动组后，可清除和设置节点之间的

连接属性。

3. 助手工具

助手工具有"创建框架"和"创建信号"两个功能，用于在选定的设备模型上创建坐标框和信号，结合工艺流程，能更好地控制某个工艺设备的具体动作，以及某个工艺节点上产品的变化。

三、工艺项目模型

由于工艺项目所用设备模型需具备工艺节点属性，软件自带多种工艺项目模型，如机床、组件发生器、堆垛机、立体仓库、叉车、AGV、路径规划等，这些模型主要保存在"PM"开头的文件夹内，如图 3.7 所示。其中，"Process Node"即为自定义工艺节点，可通过 PnP 模式连接目标设备，自由编辑其工艺程序，如图 3.8 所示。

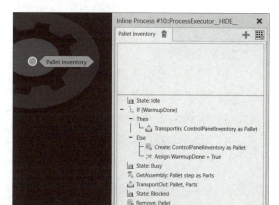

图 3.6　工艺程序编辑器

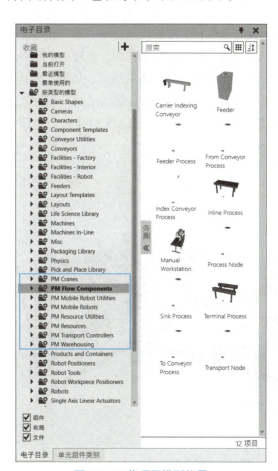

图 3.7　工艺项目模型位置

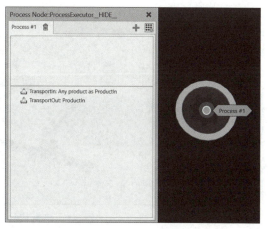

图 3.8　自定义工艺节点

第二节　工艺场景搭建

学习目标:

1) 了解工艺项目开发流程及思路。
2) 掌握工艺场景搭建方法。
3) 掌握工艺产品设定方法。
4) 掌握工艺产品筛选分拣操作。

一、工艺项目示例简介

在工艺项目开发时，首先要确定目标产品，以及加工过程中可能出现的状态。根据产品变化，设计合适的加工过程及运输方式。确定设备型号和布局后，再根据仿真结果调整布局、速度等参数。为了讲解 DTF 软件工艺模块的用法，场景搭建侧重功能性介绍，故没有考虑实际工艺过程的合理性。

图 3.9 所示为工艺项目开发的最终仿真状态。设计了四种类型的产品，每一种产品对应一条输送和分拣路线，同时表示不同的处理方法。人工搬运 1 号产品至工作台，经过一段时间人工处理（模拟），再由人工转运至另一条输送线。2 号产品到达输送线末端后，机器人转运 2 号产品至机床，二次加工（模拟），加工结束得到 3 号产品，即第三条分拣输送线末端为 3 号产品。机器人转运 3 号产品至托盘，每个托盘容纳 2 层，每层 4 行 4 列，共 32 个产品，托盘

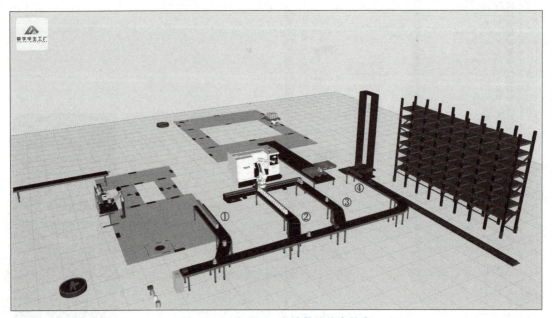

图 3.9　工艺项目开发的最终仿真状态

再由 AGV 接收。4 号产品到达输送线末端后，堆垛机转运 4 号产品至立体仓库。本项目包含较多生产设备，同时含有人工操作。通过工艺运行过程仿真，分析产线布局的合理性、物流效率和原料供应等生产因素，能够为产线设计开发提供极大帮助，降低研发和设计成本。

二、场景布局

以前面介绍的工艺项目为例，详细介绍整个开发过程。

首先，设置目标产品。在数字孪生软件的电子目录中，找到文件夹"PM Flow Components"内工艺组件发生器（Feeder），添加到虚拟世界，如图 3.10 所示。在文件夹"Products and Containers"中找到"Lathe Comp1""Lathe Comp2""Lathe Comp3""Fast Product"，分别添加到虚拟世界，如图 3.11 所示，作为四种目标产品，分别对应前面描述的 1 号产品 ~4 号产品。为了方便分辨四种产品，可在"物料"选项卡内修改组件属性，各产品模型标识不同颜色，如图 3.12 所示。

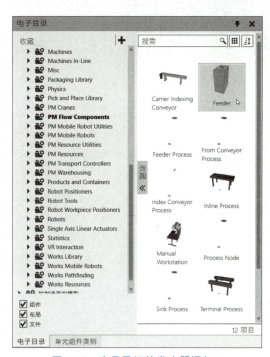

图 3.10　产品及组件发生器添加 1

图 3.11　产品及组件发生器添加 2

接下来，修改和添加组件发生器生成的四种产品。

进入工艺页面，选中"产品"，在左侧"产品类型编辑器"栏中，可以看到一个流动组，包含一个名为"VC_Cylinder"的产品类型，如图 3.13 所示，表明组件发生器自动生成了产品。

右击该流动组，在弹出的快捷菜单中选择"删除"，如图 3.14 所示。再选择加号中的"添加流动组"，重新创建四个流动组，如图 3.15 所示。针对每个流动组，右击，在弹出的快捷菜单中选择"添加产品类型"，每个流动组添加一个产品类型。

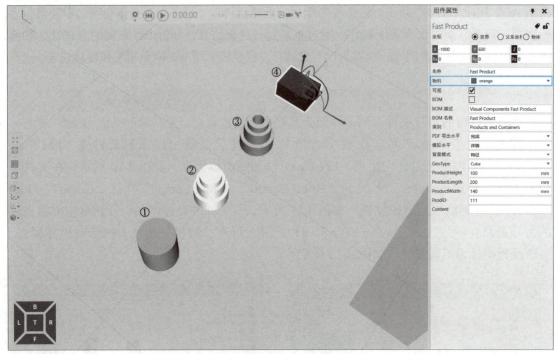

图 3.12　修改组件属性

图 3.13　默认流动组及产品类型

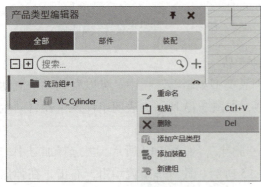

图 3.14　删除流动组

图 3.15　添加流动组

现在，添加的产品类型需要与产品模型关联，如图 3.16 所示。左侧选中"产品类型#1"，在右侧"属性"栏中选择"点选"按钮，再选择 1 号产品的模型。

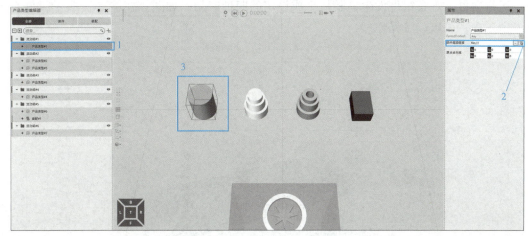

图 3.16　产品类型与产品模型关联

按照上述操作，四个流动组中的产品类型分别与四种产品模型关联。接下来，四种产品类型设定为组件发生器的生成目标。选中组件发生器，切换其属性至"ProductCreator"一栏，其中"供给模式"改为"分布"，代表组件发生器随机生成四种产品，再按图 3.17 修改其他参数。"供给模式"中的"单项"表示组件发生器只生成一种产品，"批处理"和"表格"用于人为设定规则，生成多种不同产品。

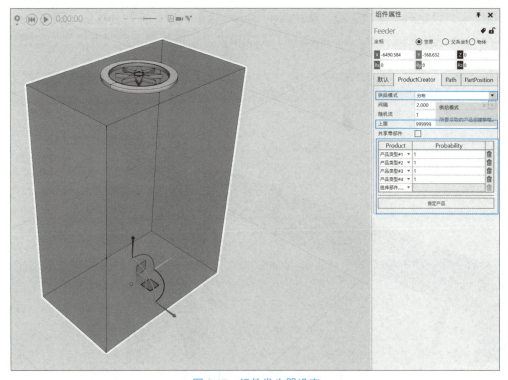

图 3.17　组件发生器设定

完成上述设定后，从"Conveyors"文件夹中拖拽一条直线输送线（Conveyor）至虚拟世界，输送线与组件发生器用 PnP 方式连接。

运行项目，观察组件发生器随机生成设定的四种产品，如图 3.18 所示，表示组件发生器设定正确，可以后续操作。

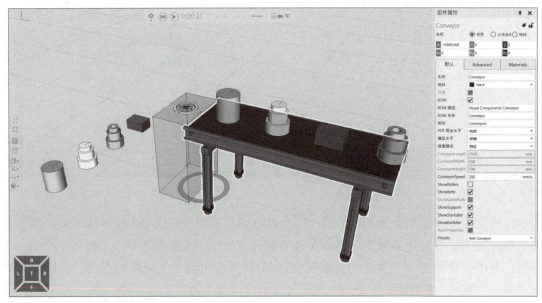

图 3.18　组件发生器验证

接下来，设定第一条输送线。从"Conveyors"文件夹中，拖拽分拣输送线（Conveyor Y-divert）、转弯输送线（Curve Conveyor）至虚拟世界，再分别设定两者属性，如图 3.19、

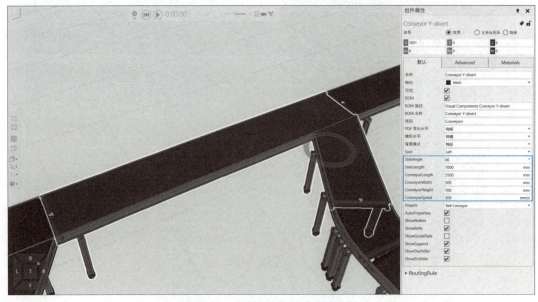

图 3.19　分拣输送线尺寸属性设定

图 3.20 所示，使分拣输送线支路通过转弯输送线，连接至最后添加的直线输送线，修改其长度为合适值，本例修改为 3500mm，再用 PnP 方式连接。关于分拣输送线的分拣设定，涉及具体产品类型，后续将详细介绍。

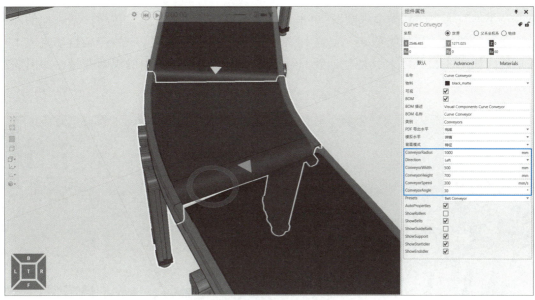

图 3.20　转弯输送线尺寸属性设定

然后按照相同的操作方法，拖拽分拣输送线、转弯输送线、直线输送线至虚拟世界，分别设置长度、分拣输送线及转弯输送线角度等属性。最后，用 PnP 方式连接，如图 3.21 所示。

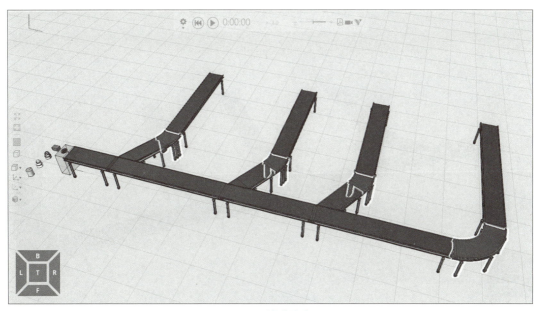

图 3.21　输送线布局

此时，每一段输送线还要设置运输规则，才能控制四种产品流入不同的输送线。

以组件发生器侧为基准，从左到右为 1 号~4 号输送线，对应 1 号~4 号产品。以 1 号输送线为例，介绍设定方法，其他输送线操作方法相同。

选中 1 号输送线，在右侧"组件属性"栏中选择"Materials"。在"RoutingRule"中，修改"类型"为"产品类型规则"，单击下方"添加连接或者规则"按钮，新添加的"规则变量"设置为"产品类型 #1"，"连接"设置为"Side"。此时，1 号产品自动流入 1 号输送线，如图 3.22 所示。其他输送线只需要修改产品类型规则中的规则变量，如图 3.23 所示。

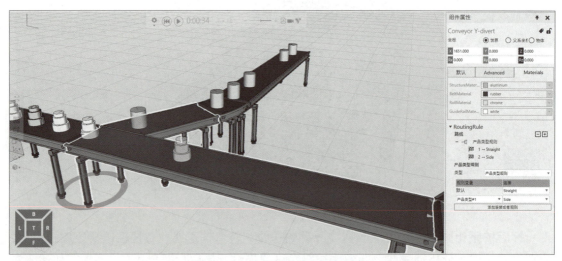

图 3.22　1 号输送线筛选规则设定

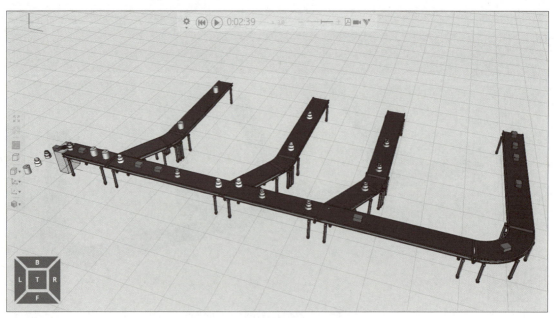

图 3.23　其他输送线筛选规则设定

接下来，针对每种产品类型设定一个加工方式。针对该加工方式，布局生产设备。

1 号产品包含操作工作业的加工过程，需要添加操作工模型（Human，位于 PM Resources 文件夹）、操作台（Manual Workstation，位于 PM Flow Components 文件夹）。另外，还需要使用驱动器（Human Transport Controller，位于 PM Transport Controllers 文件夹）控制操作工动作，设定路径区间（Pathway Area，位于 PM Resources Utilities 文件夹）规定操作工移动范围和方向，设定待机位置（Idle Location，位于 PM Resources Utilities 文件夹）确定操作工无工作任务状态等待点。

切换至"交互"模式，可以调节路径区间（Pathway Area）大小。勾选"组件属性"栏中的"OneWay"复选框，设定该段区间为单向路径，同时设定路径方向，在项目运行时确保操作工模型按设定方向移动，如图 3.24 所示。最后，添加一段直线输送线，接收加工得到的产品，注意输送线摆放的方向。移动各组件，确保布局合理，如图 3.25 所示。

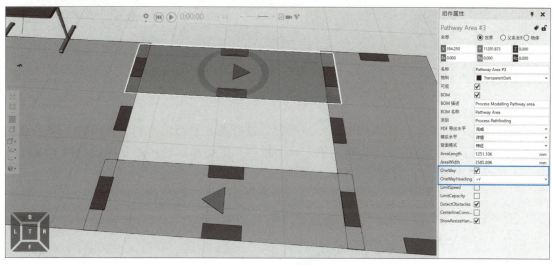

图 3.24　单向路径设定

在本项目设计中，3 号产品源于 2 号产品的加工品。在布局规划时，要兼顾两种产品类型的操作。

对于 2 号产品，采用机器人搬运，移动至机床待加工。加工结束后，得到 3 号产品，再由机器人取走，搬运至另一条输送线的托盘上。

3 号产品不加工，由机器人直接转运至另一条输送线的托盘上。

两种产品均由机器人搬运，因此要添加机器人地轨（Generic Servo Track，位于 Robot Positioners 文件夹），再添加一款运动范围合适的机器人。这里选择 IRB 2400L，同时添加一个工具夹爪（Generic 3-Jaw Gripper，位于 Robot Tools 文件夹），以 PnP 方式连接至机器人末端。在工艺项目中，通过机器人驱动器（Robot Transport Controller，位于 PM Transport Controllers 文件夹）实现机器人程序自动生成，无须手动编程。最后，添加一款机床（FTC-350，位于 Machines 文件夹）以及一条直线输送线，用于生成托盘，高度、长度、宽度设置为合适值，本项目高度设置为 500mm，宽度设置为 1300mm。

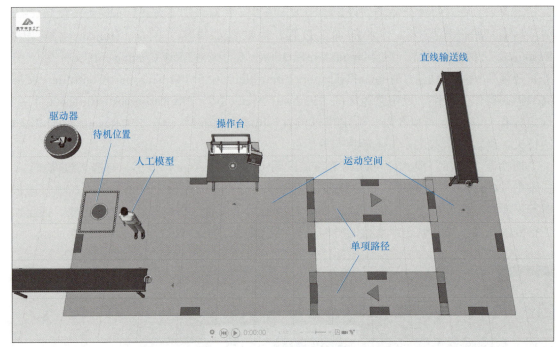

图 3.25　1 号产品工艺布局

　　将机器人、地轨、驱动器用 PnP 方式连接。注意驱动器与地轨 PnP 连接后，高度会变成 0；调节机器人地轨的长度为合适值，确保机器人能够抓取到两条分拣输送线末端的产品。上述设备摆放至合适位置，如图 3.26 所示。

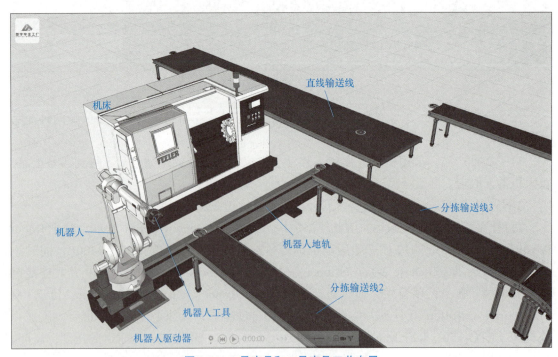

图 3.26　2 号产品和 3 号产品工艺布局

这里，机器人搬运产品至直线输送线托盘处。那么，托盘满载后将需要下一步转运，所以还需要一辆 AGV，用于接收满载的托盘。

添加一辆 AGV（MiR100，位于 PM Mobile Utilities 文件夹），与添加操作工类似。AGV 同样需要驱动器控制，添加 AGV 驱动器（Mobile Robot Transport Controller，位于 PM Transport Controllers 文件夹）；路径区间（Pathway Area，位于 PM Resources Utilities 文件夹）限定 AGV 活动范围和方向，以及模拟实际生产中 AGV 充电区域的待机位置（Idle Location，位于 PM Resources Utilities 文件夹）。该组件需要放置在小车活动范围内，布局如图 3.27 所示。

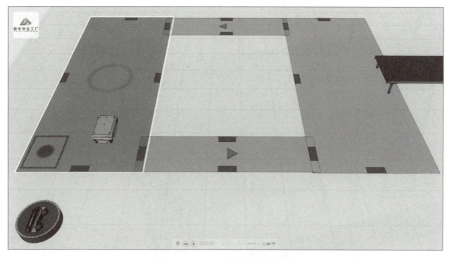

图 3.27　AGV 活动范围设定

为丰富本项目的工艺流程，4 号产品采用堆垛机取料，搭配立体仓库，完成入库工艺操作，如图 3.28 所示。因此需要添加堆垛机（Stacker Crane-Single，位于 PM Cranes 文件夹）、堆垛机控制器轨道（Single Rail Transport Controller，位于 PM Transport Controllers 文件夹）、立体仓库（Warehouse Shelf，位于 PM Warehousing）。

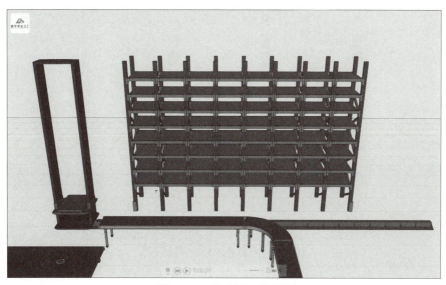

图 3.28　4 号产品工艺布局

  堆垛机和控制器通过 PnP 方式连接，堆垛机可以在控制器轨道上移动。因此需要修改控制器长度，保证堆垛机能够到达所有仓位，因此长度修改为 12000mm，调整好控制器轨道相对于输送线的位置；再设定立体仓库的属性，确保仓位尺寸适合当前产品，属性设置如图 3.29 和图 3.30 所示，堆垛机高度修改为 5000mm。最后，摆放立体仓库至合适位置，整体布局如图 3.31 所示。

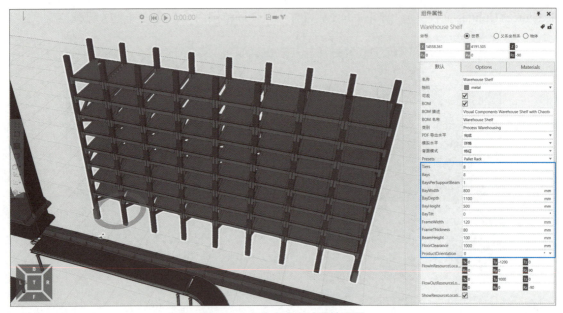

图 3.29　立体仓库尺寸属性设置

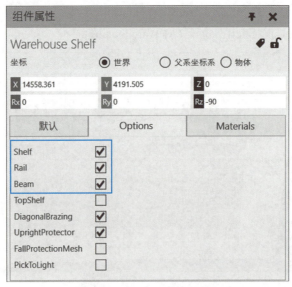

图 3.30　立体仓库外观属性设置

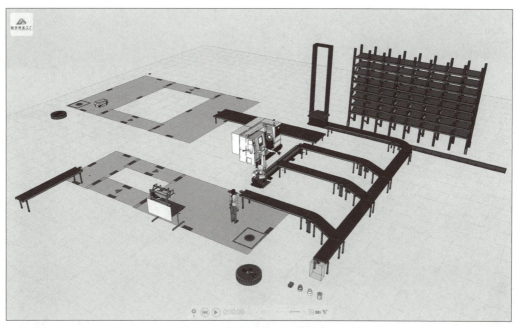

图 3.31　完成工艺项目整体布局

第三节　工艺流程编辑

学习目标：

1）了解工艺节点添加方法。
2）掌握不同工艺节点用途。
3）掌握工艺流程编辑方法。
4）掌握工艺节点程序编辑方法。

一、工艺节点设定

第二节完成了场景搭建，工艺项目产品的流动依赖工艺节点，生产线的部分设备自带工艺节点，另一些设备需要自行设定工艺节点。在本工艺项目布局中，需要添加输送线、AGV 等设备工艺节点。

首先，在每一条输送线末端添加工艺节点，该节点可以运用 PnP 方式连接至输送线末端。注意，PnP 连接成功后，箭头起始处三角形连接指示变为绿色，则连接正确，表明该工艺节点可以正常接收产品。另外，工艺节点正确连接后，仍可以改变角度。节点带有位置指示，表示操作工取料位置。为了合理设定操作工与物料相对位置，即操作工站位设在输送线末端，面对运行方向，此工艺节点旋转 90°，如图 3.32 所示。

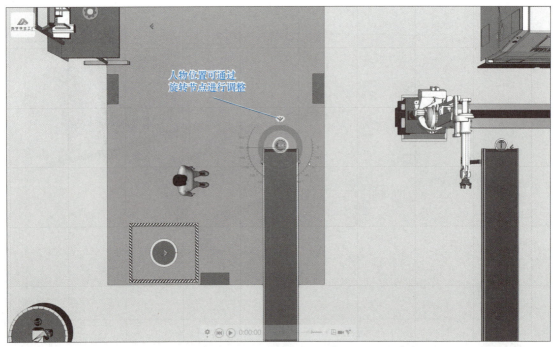

图 3.32　输送线末端工艺节点添加

按照同样操作方法和注意事项，添加其余输送线工艺节点。运输托盘输送线，需要添加一个自定义工艺节点，自行编程控制工艺动作。添加自定义工艺节点（Process Node，位于 PM Flow Components 文件夹），与输送线通过 PnP 方式连接，并移动至合适位置，如图 3.33 所示。设定托盘初始位置，保证机器人可以摆放产品至托盘。

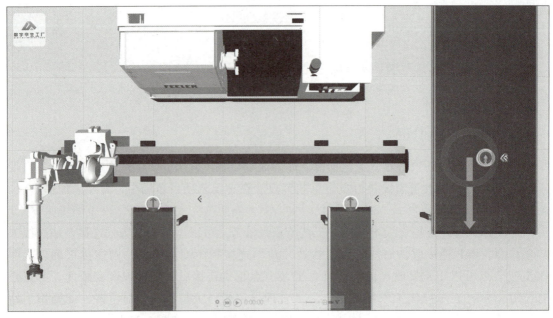

图 3.33　添加自定义工艺节点 Process Node 1

前面在设计 1 号产品工艺时，计划利用一条输送线接收人工处理后的产品。所以，要在接收产品输送线入口处添加工艺节点，以 PnP 方式连接至输送线入口位置。同样注意箭头方向末端三角形指示器由黄色变为绿色，则代表连接正确，如图 3.34 所示。另外，连接成功后旋转此节点，合理设定操作工与输送线间的位置。若无法连接，应检查输送线方向的正确性。

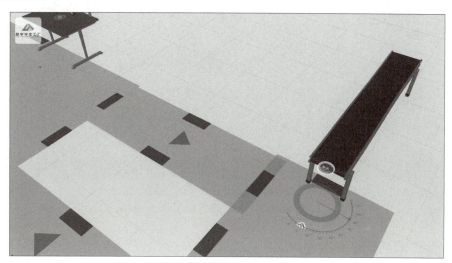

图 3.34　添加输送线起始节点

由于此输送线代表转运加工结束后的产品，后续工艺流程不再设计，此输送线末端无须任何操作。

AGV 接收满载 3 号产品的托盘，因此在托盘运送输送线末端不能使用"来自输送线"的工艺节点，应采用自定义工艺节点（Process Node，位于 PM Flow Components 文件夹），以 PnP 方式与输送线连接，如图 3.35 所示。

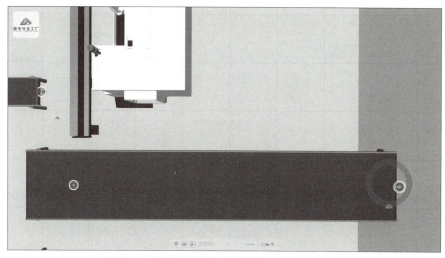

图 3.35　添加自定义工艺节点 Process Node 2

当 AGV 接收满载托盘后，需转运至指定地点，模拟生产线转运。因此，添加 AGV

转运货物的下沉节点（Sink Process，位于 PM Flow Components 文件夹）。注意，此节点需摆放至 AGV 的路径区间内，如图 3.36 所示。

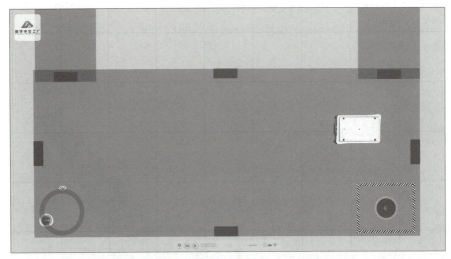

图 3.36　导入 AGV 最终节点 Sink Process

二、驱动器连接

在本工艺项目中，选择操作工驱动器、机器人驱动器、AGV 驱动器、堆垛机驱动器。其中，操作工驱动器和 AGV 驱动器涉及动作对象、运动范围等属性，需要手动连接。

切换至"开始"页面，单击"连接"工具栏"接口"选项卡，再单击"人物驱动器"按钮，在支持连接对象处出现连接窗口。单击操作工模型，可完成连接，如图 3.37 所示。连接成功后，切换至其他接口继续连接，如图 3.38、图 3.39 所示，连接操作工运动范围、待机点和驱动器。

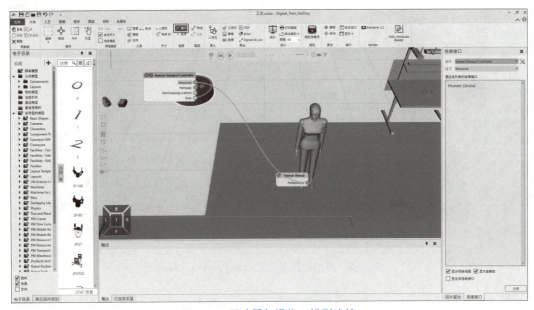

图 3.37　驱动器与操作工模型连接

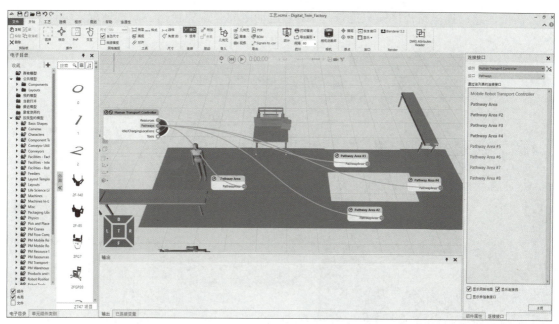

图 3.38　操作工运动范围与驱动器连接

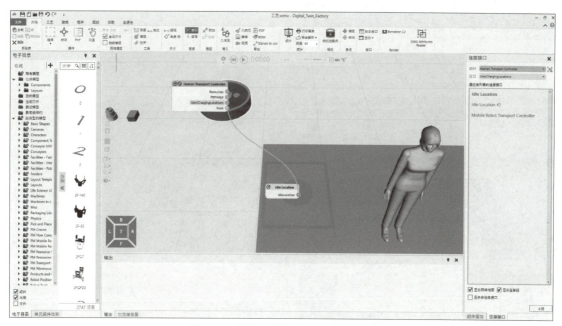

图 3.39　操作工待机点与驱动器连接

　　AGV需要同样操作，连接AGV与驱动器，设定AGV运动范围、待机点，如图3.40~图 3.42 所示。

　　连接时，可以手动连线，即单击接口面板的灰色圆圈，按住鼠标左键，拖拽至待连接模型的接口；也可以直接单击连接对象的模型，自动快速连接。

需要注意，连接路径区间只能选择 AGV 运动区间，避免错选、漏选情况。

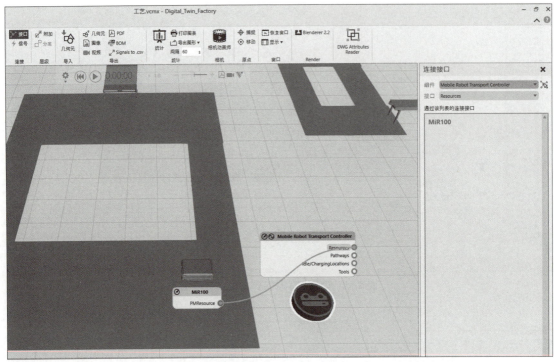

图 3.40　AGV 与驱动器连接

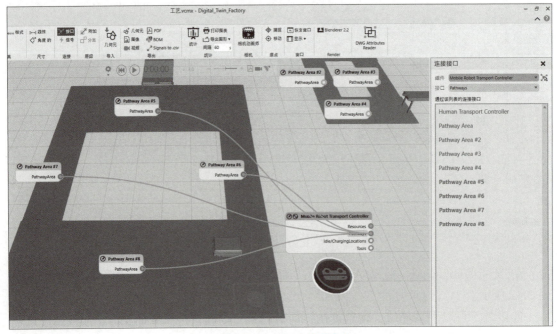

图 3.41　AGV 运动范围设定

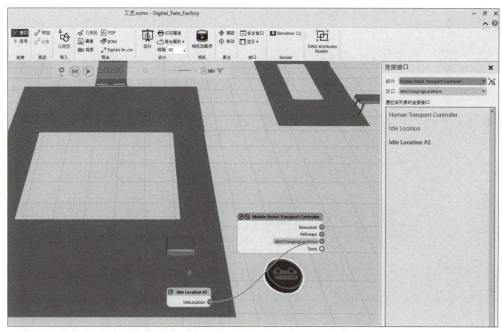

图 3.42 AGV 待机点设定

三、工艺流程编辑

在前面的操作中，完成了必要工艺节点的添加，接下来编辑工艺流程。

单击工具栏编辑器的"流动"按钮，进入工艺流程编辑模式。可以观察到，工艺节点用蓝色圆点表示，驱动器用菱形图案表示，白底表示该驱动器未激活，激活后驱动器将变为黄色，如图 3.43 所示。

图 3.43 彩图

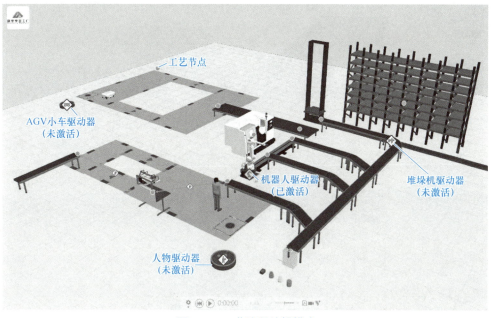

图 3.43 工艺流程编辑模式

工艺流程编辑用于按照一定规则和顺序连接工艺节点。

人工完成1号输送线转运作业，首先单击操作工驱动器，使其处于激活状态，再将鼠标移至1号输送线末端节点。此时，节点变为黄色，并显示一个名称框，框内显示节点名称等信息，如图3.44所示。

图 3.44 彩图

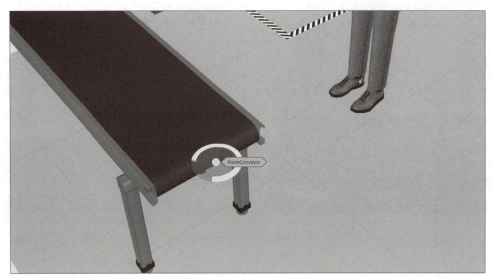

图3.44 选中工艺节点

单击框内的节点名称，选中该节点，显示蓝圈黄底的原点。同时，在下方"工艺流动编辑器"的"工艺步骤"中，出现对应的工艺节点名称，如图3.45所示。

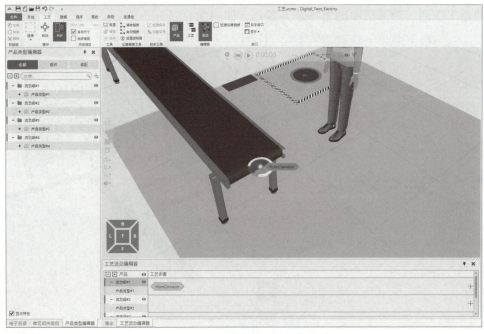

图3.45 添加工艺标签至流程

　　此时，根据预设工艺单击下一节点名称框，即可完成一个工艺步骤编辑。但是，当鼠标移至下一个工艺节点名称框位置时，发现出现多条虚线，如图3.46所示。当前设定1号输送线产品工艺，故此现象不合理。错误的原因在于工艺节点名称相同，因此需要修改各工艺节点名称，防止名称相同，出现流程错误。操作方法为切换至"工艺"编辑模式，单击需要修改名称的节点，在右侧属性框中修改名称，如图3.47所示。最后，关闭弹出的工艺程序编辑窗。

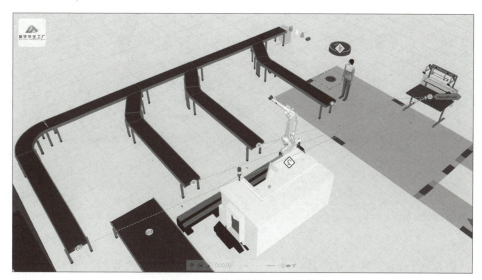

图3.46　工艺节点名称重复错误

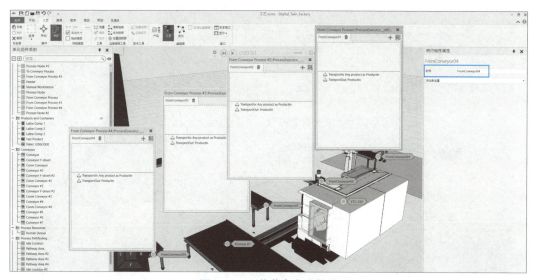

图3.47　工艺节点名称修改

　　完成名称修改后，继续前面操作。

　　在操作工驱动器激活状态下，依次单击1号输送线末端工艺节点、操作台工艺节点、成品转运输送线入口工艺节点，三个工艺节点之间自动生成连线。同时，"工艺流动编辑器"的"流动组 #1"将出现对应步骤，每个步骤之间出现操作工驱动器标识，表示人工完成转运工序，如图 3.48 所示，最后取消操作工驱动器的激活状态。

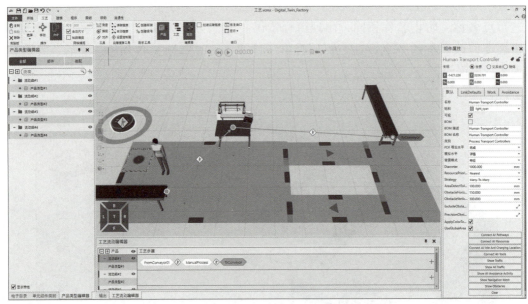

图 3.48　操作工工艺流程设定

项目仿真运行时，当 1 号产品移动至 1 号输送线末端节点位置时，可以观察到操作工取料，搬运至操作台。产品在操作台上停留一段时间，表示加工工序需要一定时间。最后操作工从操作台上取走产品，搬运至下道工序输送节点的位置，如图 3.49 所示。

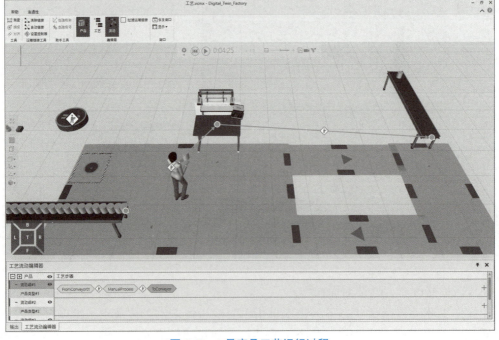

图 3.49　1 号产品工艺运行过程

　　对于 2 号输送线，首先需在"工艺流动编辑器"中选择"流动组 #2"。流动组被选中后，底色变为蓝色。后续与 1 号输送线操作方法相同，激活机器人驱动器，图标底色由白色变为黄色，再依次单击 2 号输送线末端节点、机床节点、托盘运送输送线节点。观察节点之间连接线方向的正确性，以及"流动组 #2"出现的步骤，如图 3.50 所示。最后，取消机器人驱动器激活状态。运行项目，观察运行状况。

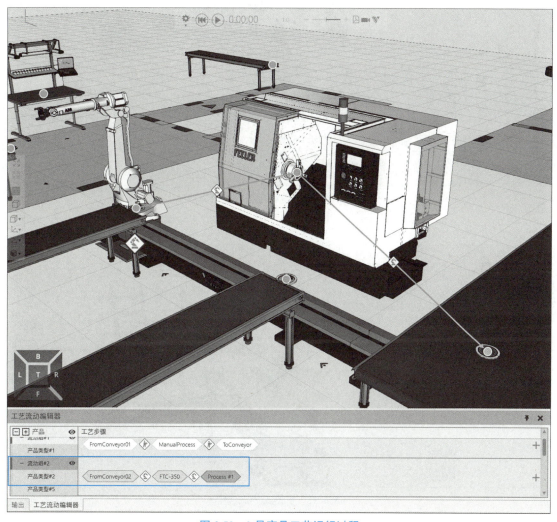

图 3.50　2 号产品工艺运行过程

　　项目运行时，可能会出现错误，如图 3.51 所示。机器人轴报警，经过仔细观察和分析，发现机器人此时处于奇异点位置，故无法运行。处理方法为切换至"程序"页面，单击选中机器人本体，在右侧"点动"属性选项中，切换"工具"为"Tool_TCP"。此时，可拖拽工具坐标框，调整机器人姿态，也可以修改"关节"值，调整机器人姿态。上述两种方式都可以调整机器人姿态，脱离奇异点，如图 3.52 所示。注意，此时项目处于暂停状态。

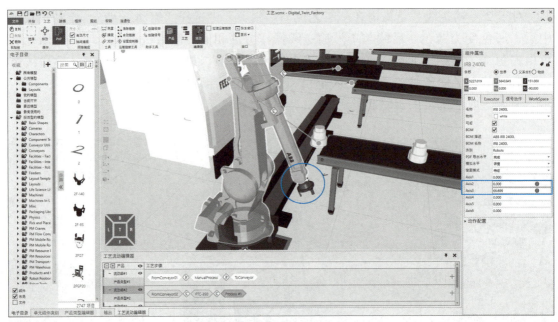

图 3.51　机器人运行过程中的奇异点

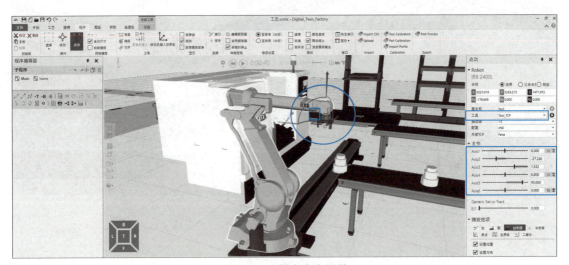

图 3.52　机器人姿态调整

接下来，在项目中需要应用机器人姿态。选择已经与地轨连接的机器人驱动器组件，并在右侧属性栏中切换为"组件属性"，选择属性"LinkDefaults"，再单击下方按钮"ReadCurrentJointValues"，如图 3.53 所示。此时，单击"运行"，项目继续运行。如果仍然出现机器人姿态不合适，则应按上述方法继续调整，直至机器人可以正确移动、抓取物料，搬运工件至机床加工位置。

在项目运行中，可以观察到机器人自 2 号输送线末端节点取料，搬运至机床，机床随后自动加工，并耗费一段时间。加工结束后，机器人自动取走物料，摆放至收料输送线上，如图 3.54 所示。

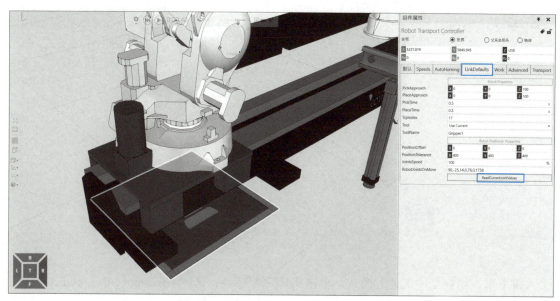

图 3.53　驱动器在机器人姿态中的应用

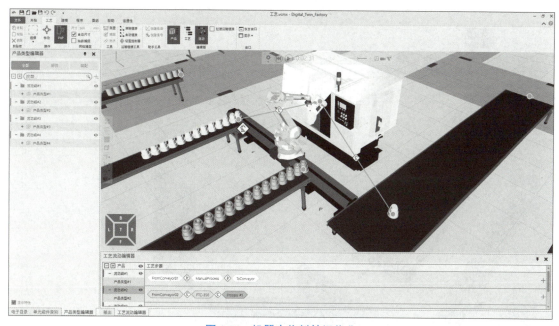

图 3.54　机器人物料转运作业

　　在前面工艺设计过程中，为了项目仿真更接近实际情况，机床完成加工后，计划将 2 号产品替换为 3 号产品。为了实现上述工序，需要编辑工艺程序。首先在"流动组 #2"中添加一个新的产品类型，此产品类型与 3 号产品关联，如图 3.55 所示。

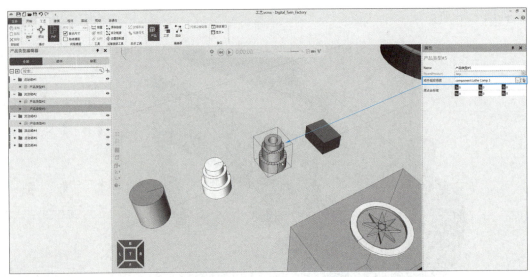

图 3.55　单个步骤中产品添加

接下来，切换至"工艺"模式，单击机床工艺标签，选中"Custom Machine Process"，此行语句表示机床模拟加工，加工结束的后续动作需要在"Custom Machine Process"语句后添加，如图 3.56 所示。

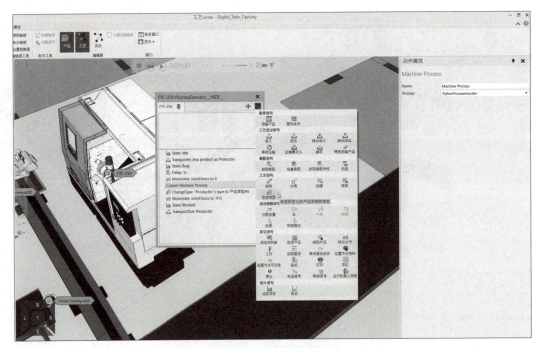

图 3.56　工艺程序修改

添加"改变类型"语句，在右侧"动作属性"的"新类型"中，设置"产品类型 #5"，如图 3.57 所示。"产品类型 #5"已经与 3 号产品关联，加工结束后，2 号产品被替换为 3 号产品，实现加工结果模拟。

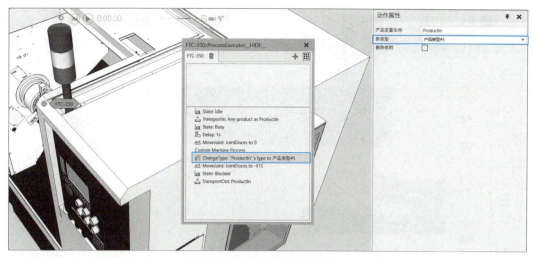

图 3.57 工艺程序参数设定

需要注意，已知"产品类型 #3"同样关联 3 号产品，但"产品类型 #3"属于"流动组 #3"。因此，在设定"改变类型"语句"新类型"属性时，如果选择"产品类型 #3"，那么加工结束后，3 号产品同样替换 2 号产品，但后续无法被机器人取走，因为机器人取料动作属于"流动组 #2"。综上所述，产品替换属于"流动组 #2"工艺过程，需要在此流动组内添加对应产品。

在项目运行时，当机床加工结束后，可以观察到机床加工位置的产品由 2 号变为 3 号，且机器人可正常取走 3 号，如图 3.58 所示。

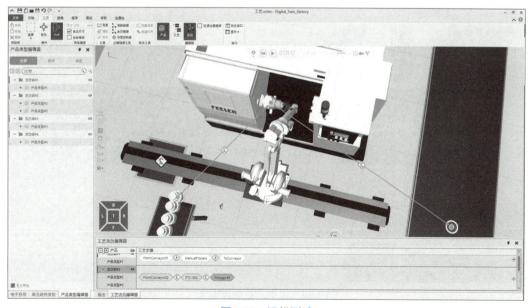

图 3.58 运行测试

接下来，在输送线添加托盘，用于接收 3 号产品。添加一个托盘（Pallet 1200×1200，位于 Products and Containers 文件夹），摆放至输送线旁，如图 3.59 所示。

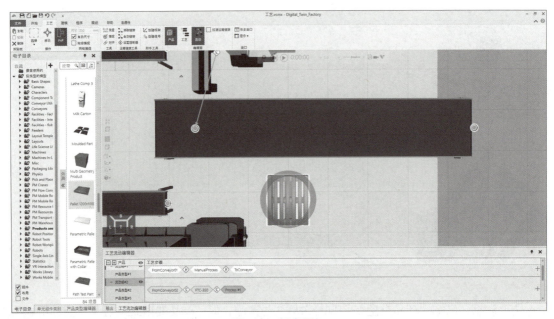

图 3.59　托盘添加

切换至"工艺"模式，选择输送线上节点（Process#1），进入工艺程序编辑窗口，如图 3.60 所示。

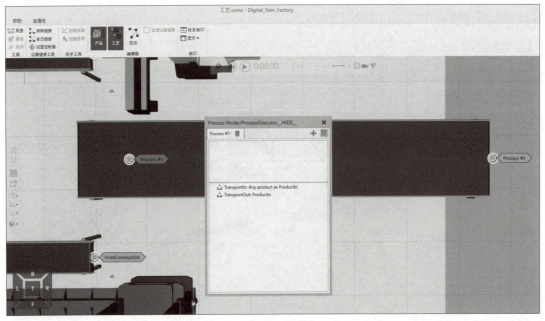

图 3.60　托盘工艺节点设定

这里的工艺程序创建一个托盘，并按自定义码垛规则，接收机器人转运的产品，这些产品同时附加到托盘上，托盘能够携带产品一起移动，最后进入该输送线末端节点（Process#2）。

删除窗口所有指令，再依次添加延迟（Delay）、创建（Create）、运输模式入（Transport-

PatternIn)、依附（Attach）、流出（TransportOut）等指令，如图3.61所示。为了方便观察托盘的出现，故在第一行使用延时语句，"Create"指令产生一个托盘复制体，"Transport-PatternIn"指令规定了机器人摆放产品的规则，"Attach"指令附加这些产品至托盘，可以随托盘移动，"TransportOut"指令运送满载产品的托盘至下一节点，即该输送线末端节点。

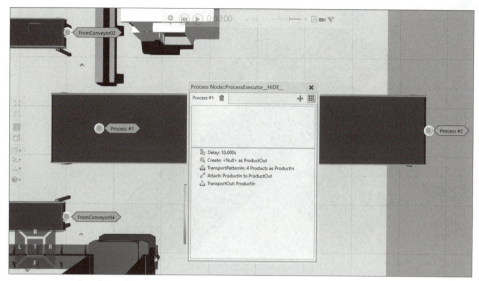

图3.61 自定义工艺节点程序

分析上述指令语句可以知道这一段输送线执行托盘工艺流程，故需要创建托盘流动组和产品类型。

添加新的流动组和产品类型，关联此新产品类型与托盘，如图3.62所示。

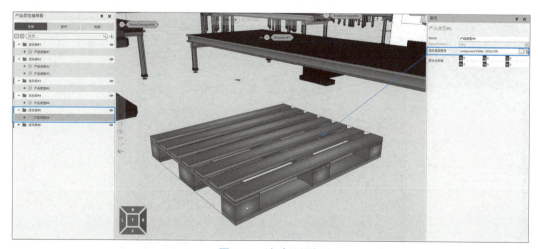

图3.62 流动组添加

准备工作完成后，可以设定每一条产线工艺程序属性。单击"Delay"指令，其右侧属性栏中"分布"修改为"5"，即延时5s。单击"Create"指令，"动作属性"中"产品类型"修改为"产品类型#6"，"产品位置坐标框"修改为"MainFrame"。项目运行5s后，输送线上节点（Process#1）位置出现托盘，代表指令设定正确，如图3.63所示。

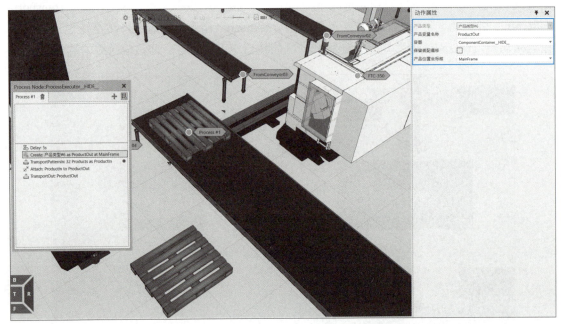

图3.63 工艺程序验证

"TransportPatternIn"指令规定了机器人码垛规则。所以，需要先创建一个坐标框，用于码垛作业时指示机器人摆放第一个产品的位置。

选中Process#1节点，再单击"助手工具"中"创建框架"，设定框架名称和初始位置。单击"创建"按钮，创建成功后DTF软件下方输出栏显示提示信息，如图3.64所示。

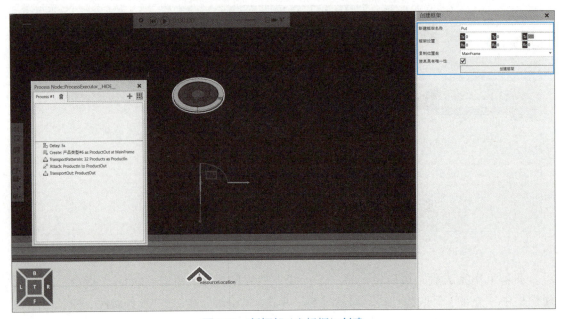

图3.64 新框架（坐标框）创建

现在需要调整坐标框"Put"位置。为了方便确定位置，项目运行到机器人摆放第一个产品节点时，暂停项目运行。选中 Process#1 节点，切换至"建模"模式，可在左下方特征框看到"Put"，单击选中，坐标框处于可移动状态，如图 3.65 所示。

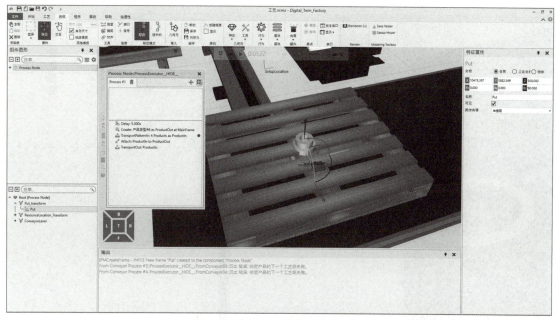

图 3.65　框架（坐标框）位置验证

码垛规则设定为 2 层 4 行 4 列。根据此规则，移动"Put"坐标框至合适位置，如图 3.66 所示。

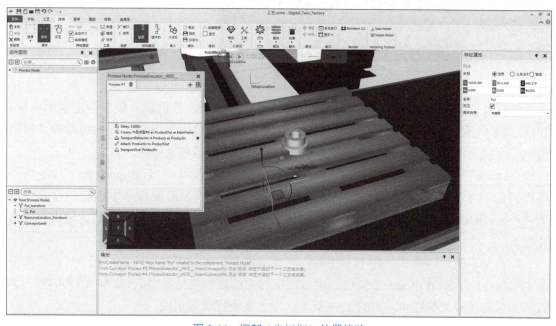

图 3.66　框架（坐标框）位置修改

95

重置终止，运行项目。单击"TransportPatternIn"指令，设置"动作属性"中"产品位置框"为"Put"，模式计数表示码垛规则，模式步骤表示每个产品之间的距离，属性设置如图 3.67 所示。

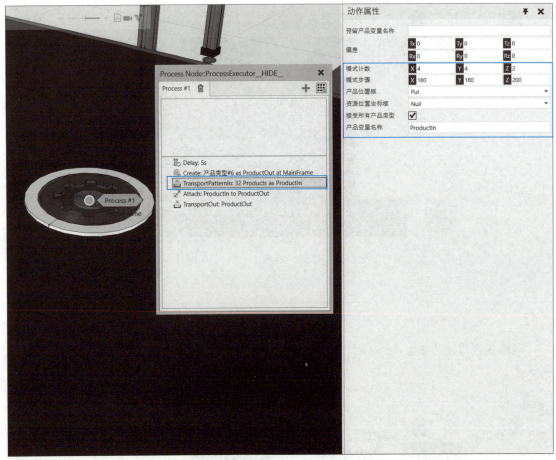

图 3.67　码垛程序设定

在项目运行时，可调节运行倍率，方便快速观察结果。若机器人按照预定规则码垛，如图 3.68 所示，表示程序调试成功。如果机器人未能按照码垛规则运行，应检查"流动组 #2"设置的正确性，以及 Process#1 节点中工艺程序设置的正确性。

"Attach"指令执行产品附加到托盘上的功能，默认即可。"TransportOut"指令需要将属性的"产品变量名称"修改为"ProductOut"。这是因为前面指令中创建的托盘名称为"ProductOut"，这里的流程是托盘在输送线上移动并进入下一个节点，因此输出对象为托盘。

切换至"流动"模式，在下方"工艺流动编辑器"中单击选中"流动组 #5"，依次单击 Process#1 节点、Process#2 节点。项目运行时能够观察到托盘满载（2 层 4 行 4 列），装载产品向输送线末端移动，如图 3.69 所示，则代表流程设定正确。

图 3.68　码垛效果

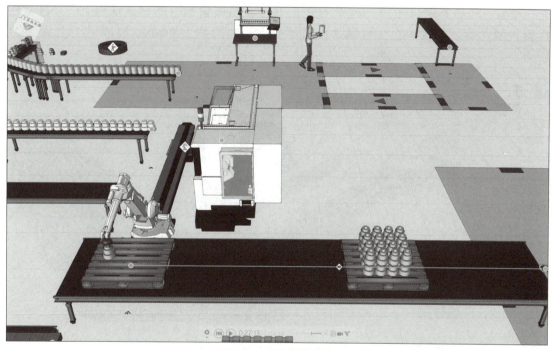

图 3.69　托盘满载转运

　　重置（终止）项目运行，激活 AGV 驱动器，再依次单击 Process#2 节点、Sink 节点，最后取消 AGV 驱动器激活。项目运行时可以观察到满载产品的托盘运行至输送线末端 Process#2 节点，AGV 自动运行至接料位置，并运送至 Sink 节点。Process#1 节点产生新托盘，继续装载产品，如图 3.70 所示。

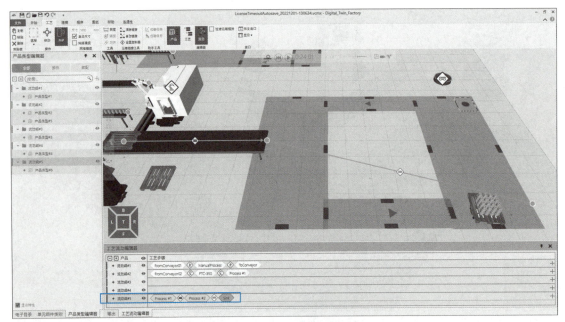

图 3.70　AGV 满载托盘转运

重置（终止）项目运行，选中下方"工艺流动编辑器"的"流动组 #3"，再激活机器人驱动器，依次单击 3 号输送线末端节点、输送线上 Process#1 节点，如图 3.71 所示。

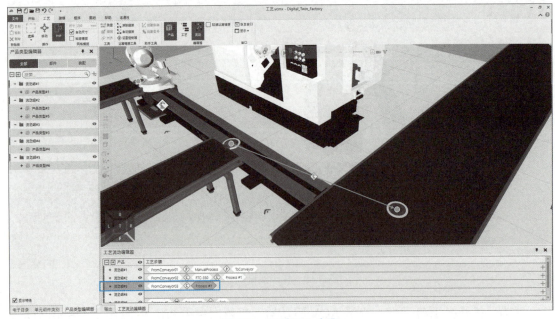

图 3.71　流动组 3 步骤

再选中下方"工艺流动编辑器"的"流动组 #4"，激活堆垛机驱动器，依次单击 4 号输送线末端节点、立体仓库 Buffer 节点，如图 3.72 所示。

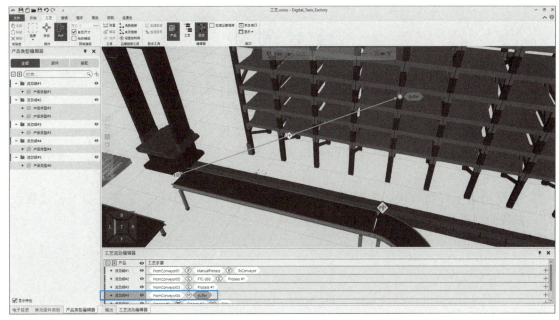

图 3.72　流动组 4 步骤

至此，4 种产品工艺流程设定完毕。项目运行时观察每种产品转运过程。若符合预期，则表明设计正确，如图 3.73 所示。如果发现产品流动过程不正确，则应检查问题对应工序的工艺步骤，也可依据下方输出窗口的报错信息，正确判断问题产生的原因。

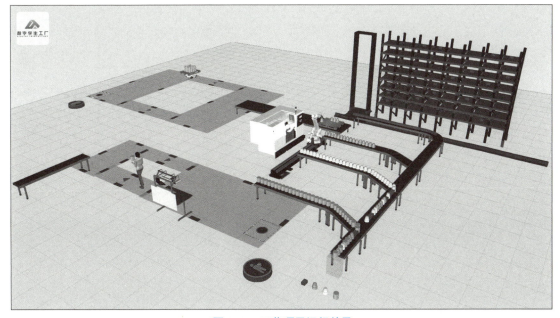

图 3.73　工艺项目运行效果

章 节 练 习

1. 从电子目录中拖拽几个工艺项目，并观察其运行状态。

2. 搭建一个简单的工艺项目，使用堆垛机、输送线、机器人。

3. 按照教程步骤，搭建工艺项目，并丰富工艺流程。

4. 在自定义工艺节点中，自行编辑工艺程序，设计机器人码垛工艺，理解程序作用。

5. 使用信号控制语句，按照一定逻辑关系串联多个工艺节点，完成复杂工艺流程设计，如装配、拆垛、搬运、分拣等。

第四章

Digital Twin Factory 建模应用

第一节　建模页面功能简介

💡 学习目标：

1）了解 DTF 软件建模功能。

2）掌握建模界面各功能按钮。

3）了解辅助建模工具。

一、建模功能作用

为了应对实际项目开发设计过程中的各种问题，DTF 软件不仅可以仿真生产线整体工艺，还可以仿真设备运动部件的具体动作和动作效果。

DTF 软件的建模功能可以胜任简单模型建模。在设计前期不考虑模型具体结构时，可以创建外形简单的立方体代替具体设备，可提高设计开发效率。此外，可以导入其他 3D 建模软件绘制的几何模型，再完成二次复杂建模定义，DTF 软件支持多数主流几何建模软件的文件格式。在导入时，可选择模型轻量化处理，减小模型的数字量和占用的内存空间。

借助 DTF 软件"向导"功能，可完成部分形状复杂实体的几何建模操作，如输送线、气缸、手爪等。更复杂实体建模则需要编程，DTF 软件提供了丰富的 Python API 以及 NET API。可运用 Python 语言编辑实体模型的属性和行为，定义设备模型具有行为属性的组件，如推料、抓料和放料控制部件等。可以利用编程软件验证设备运行的正确性，判断控制程序的合理性，极大地降低了设备研发成本。另外，运用 DTF 软件完成设备模型建立和编辑后，可借助软件的通信功能实现数字孪生。采集实体设备信号，与数字模型相关联，实现

"以实控虚"，为设备寿命分析、故障预测、维护升级等功能开发奠定基础。

二、建模页面菜单栏

"建模"页面菜单栏如图4.1所示。其中，剪贴板、操作、网格捕捉、工具、连接、导入、原点、窗口、Render等功能栏与开始页面相同，不再赘述。下面按顺序介绍其余功能栏。

图4.1 "建模"页面菜单栏

1. 移动模式

"移动模式"用于几何模型编辑操作，移动选中组件，如图4.2所示。虚拟世界三个物块分别属于三个链接，"Link_3"为"Link_2"的子级，"Link_2"为"Link_1"的子级。层级关系介绍参照第二章"开始"页面菜单栏的介绍。链接可理解为移动部件或者移动结构，后续建模过程中将逐步了解其意义和用法。

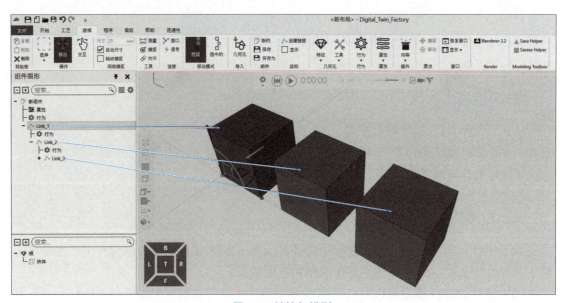

图4.2 链接与模型

此时选中"Link_1"，并且处于"层级"选中状态，通过拖拽移动当前选中模型的坐标框，如图4.3所示。往 X 轴正方向拖拽一段距离，松开鼠标左键后，"Link_1"和其子级组件全部发生了移动，如图4.4所示。现在切换为"选中的"，再往 X 轴负方向拖拽坐标框，如图4.5所示，松开鼠标左键后，可以发现只有坐标框发生移动，如图4.6所示。以上位置变动量均显示在右侧属性栏。

2. 组件

"组件"功能栏中包含"新的""保存""另存为"三种操作，"新的"在虚拟世界创建不包含任何特征和组件的模型，可以在"单元组件类别"观察到。注意区分"保存"和"另存为"的区别，与DTF软件左上角同名按钮功能不同，这里"保存"和"另存为"只针对当前选中的模型，用于某个模型单独保存至本地。

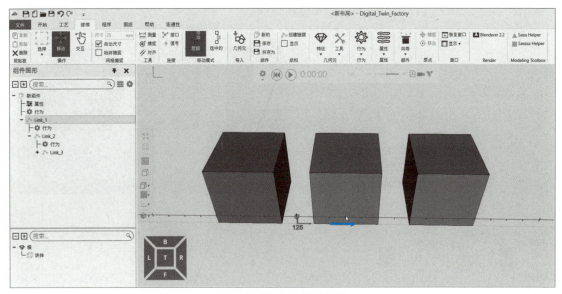

图 4.3　"层级"模式拖拽

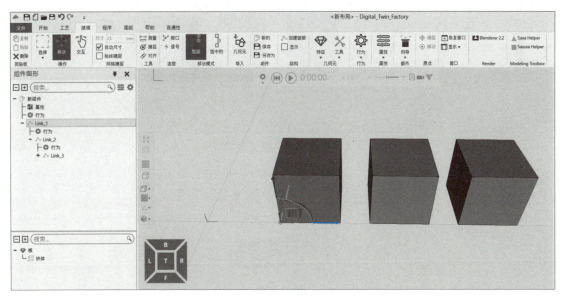

图 4.4　"层级"模式拖拽结果

3. 结构

"结构"功能栏中，"创建链接"可以在当前选中的模型中创建一个新"链接"，常用于确定自定义建模坐标框的位置；"显示"描述设备模型的链接关系，图4.7显示了机器人关节处的链接关系。

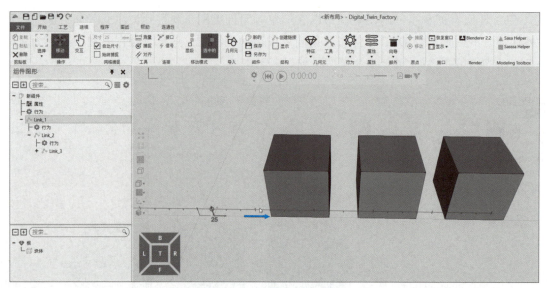

图 4.5　"选中的"模式拖拽

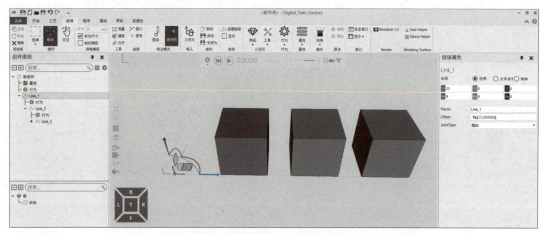

图 4.6　"选中的"模式拖拽结果

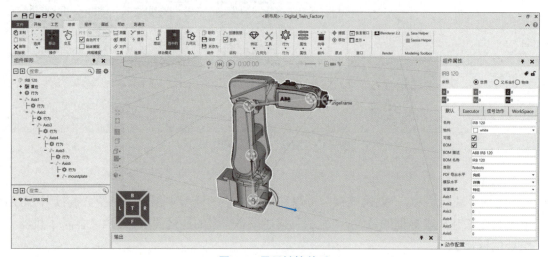

图 4.7　显示链接关系

4. 特征

图 4.8 显示了"特征"选项的下拉栏,包含"原始几何元""其他""移动""克隆""生成"五种元素。在 DTF 软件中,模型都由上述元素构成。

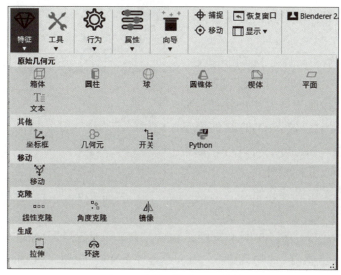

图 4.8　"特征"选项下拉栏

图 4.9 展示了所有原始几何元素,同时可以观察到 DTF 软件左侧上方的"组件图形"区,显示当前选中模型所包含的属性、行为、链接等信息。DTF 软件左侧下方特征区显示了当前选中模型包含的所有特征。

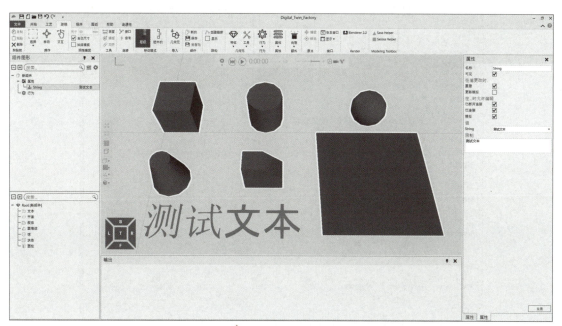

图 4.9　原始几何元素

"其他"和"移动"用于模型特征辅助设定以及位置标注等，后面将介绍其常见用法；"克隆"和"生成"是针对当前选中特征的操作。

综上所述，"特征"功能栏中包含针对模型特征的主要操作，是本软件建模的核心功能之一，在建模时经常用到，必须掌握。

5. 工具

图 4.10 所示为"工具"选项下拉栏，包含"特征工具""提取""简化""物料"四种操作元素，同样属于针对模型特征的操作。在自定义建模中，导入 DTF 软件模型都需要进一步处理，如拆分、合并等，还可通过"物料"操作改变模型外观，期望模型逼真、美观，具体操作后续介绍。

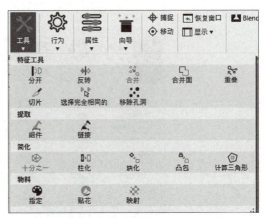

图 4.10 "工具"选项下拉栏

6. 行为

图 4.11 所示为"行为"选项下拉栏，包含"接口""信号""Material Flow""机器人学""运动学""传感器""物理学""Process Model""杂项"九类行为元素。在自定义建模时，添加模型"行为"，定义与实际设备运行状况一致的虚拟设备，后续结合实例介绍。

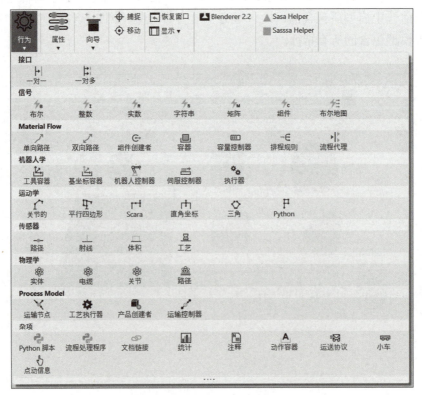

图 4.11 "行为"选项下拉栏

7. 属性

图 4.12 所示为"属性"选项下拉栏，包含"基坐标""物体"两类属性元素。添加模型"属性"，结合"行为"定义操作，可实现设备复杂建模，后续结合实例介绍。

8. 向导

图 4.13 所示为"向导"选项下拉栏，包含八种向导类操作元素，这些操作均与 DTF 软件 API 有关，可运用 Python 语言编写程序，开发定制功能模块。

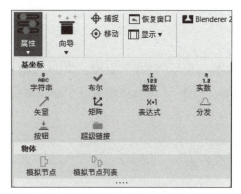

图 4.12 "属性"选项下拉栏

图 4.13 "向导"选项下拉栏

在自定义建模过程中，借助向导功能可以快速定义机器人、抓取工具、信号控制动作、机床、输送线等设备，后续结合设备建模，介绍常用向导操作。

9. Modeling Toolbox

"建模"页面菜单栏最右侧为"Modeling Toolbox"，即建模工具箱，包含两个辅助建模工具。其中，"Sasa Helper"为三角形辅助建模工具，操作方法为在虚拟世界随便选择三个点，三个点构建三角形，输出三角形边长和角度。"Sasssa Helper"为四边形辅助建模工具，操作方法与"Sasa Helper"类似，在虚拟世界选择四个点，四个点构建四边形，输出四边形边长和角度。

借助这两个辅助建模工具，可以快速获取模型的相关参数，方便自定义建模操作。

第二节 简单建模

💡 学习目标：

1）理解简单建模意义。

2）掌握特征处理方法。

3）掌握常用简单设备建模方法。

4）掌握自定义模型验证方法。

一、制作组件发生器

组件发生器是DTF软件最关键的功能之一，很多仿真都需要使用组件发生器，创建产品原料。DTF软件自带模型库，包含组件发生器。在前面学习过程中，已经使用过两类组件发生器，一种是产生单种产品（Basic Feeder）的组件发生器，另一种是工艺模式下产生多种产品（Feeder）的组件发生器。

本节以单种产品组件发生器为重点，一是原理和操作过程简单、易懂，二是为了更快地掌握建模操作，理解建模涉及的独有概念。

1. 创建特征

首先需要创建一个立方体，作为组件发生器本体。进入"建模"页面，单击"组件"功能栏中的"新的"，再选择"特征"选项下拉栏中的"箱体"，则在虚拟世界原点位置创建了一个立方体，如图4.14所示。

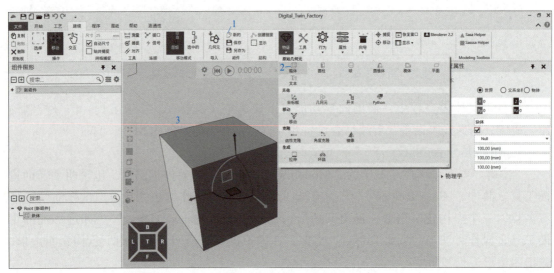

图4.14 创建立方体

现在修改立方体尺寸，与输送线等外部设备连接，方便测试使用。在右侧"特征属性"框中，分别修改"长度""宽度""高度"属性，分别设定为500mm、600mm、700mm，如图4.15所示。

2. 添加"创造"行为

组件发生器具有创建产品特性的功能，添加"行为"定义产品特性。在左侧上方"组件图形"中，单击选中"新组件"，再单击"行为"选项下拉栏中的"组件创建者"，完成行为添加，如图4.16所示。

3. 路径设定

使用DTF软件自带的组件发生器，创建产品后，可以观察产品从中心移动至边缘，最终转运至下一设备。因此，这里需要自行添加路径，单击"行为"选项下拉栏中的"单向路径"，添加产品的运动行为，如图4.17所示。

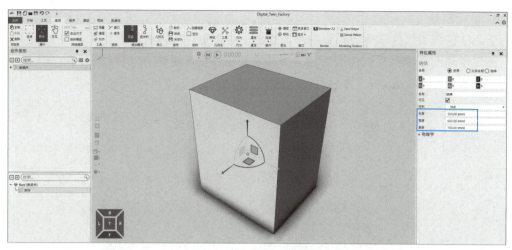

图 4.15　立方体尺寸修改

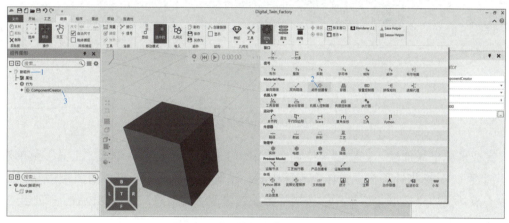

图 4.16　"组件创建者"行为添加

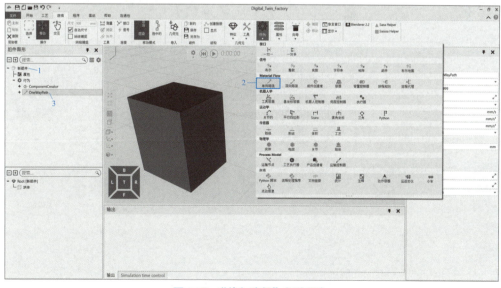

图 4.17　"单向路径"行为添加

4. 效果制作

至此已完成了组件发生器必要的行为添加，再设定各行为组件的属性。

首先创建两个坐标框，按照添加立方体（箱体特征）操作方法，添加两个坐标框，并分别修改名称为"生成点""方向点"，如图 4.18 所示。

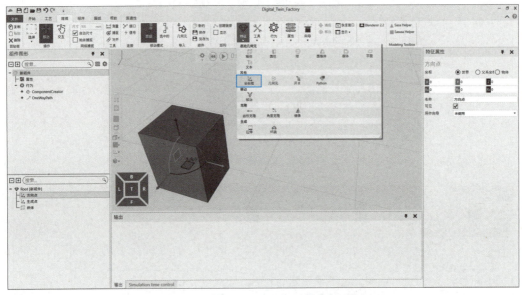

图 4.18　坐标框添加

完成坐标框添加后，需要设定位置。选中"生成点"坐标框，单击"工具"菜单栏中的"捕捉"，鼠标指针移至立方体上表面中心，系统自动捕捉中心点，如图 4.19 所示。单击中心点，完成坐标框移位操作。按同样方法，修改"方向点"坐标框位置，修改至立方体边缘，如图 4.20 所示。

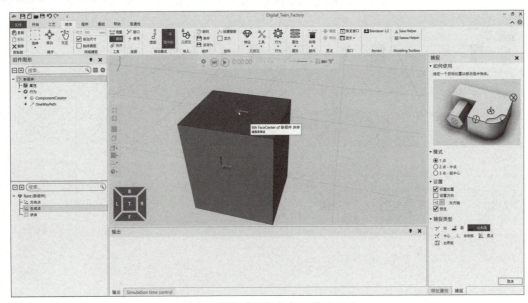

图 4.19　"生成点"坐标框位置修改

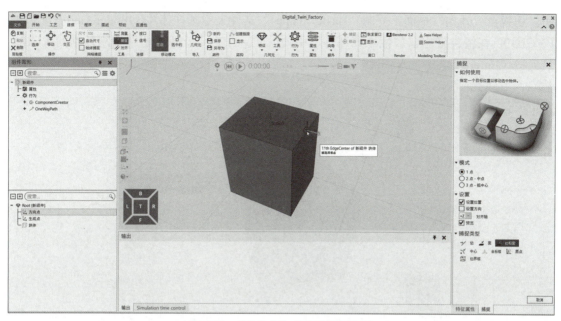

图 4.20　"方向点"坐标框位置修改

注意，这两个坐标框方向保持一致。接下来，设置组件图形的"行为"。在左侧"组件图形"区，选中"ComponentCreator"的"Output"选项，右侧"属性"栏"连接"改为"OneWayPath"，"端口"改为"Input"，如图 4.21 所示。上述操作用于生成物添加至路径，期望物体移动。选中"OneWayPath"，单击右侧"路径"一栏双向箭头，在弹出窗口依次单击"生成点""方向点"，选择后关闭窗口；其他设置默认即可，如图 4.22 所示。

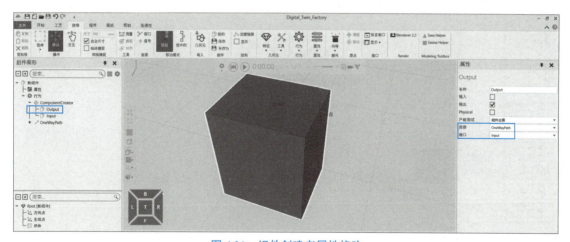

图 4.21　组件创建者属性修改

至此，则完成了组件发生器生成物体的基本设定，可以先验证，无误后再进一步操作。

主要验证组件发生器能否生成目标物体，物体能沿路径方向移动。所以，需要设定"ComponentCreator"目标部件，此操作在第二章第三节已详细介绍，故此处仅简单说明。切换至"开始"页面，复制"Basic Shapes"文件夹中圆柱体（Cylinder Geo）元数据（VCID），在组件发生器属性栏"部件"中输入"VCID："，并粘贴至刚刚复制的 VCID，最后按〈Enter〉键。

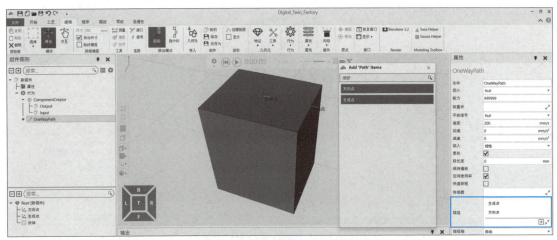

图 4.22　单向路径属性修改

项目运行时，在组件发生器生成点坐标框处生成圆柱体，并移动至方向点位置处，如图 4.23 所示。

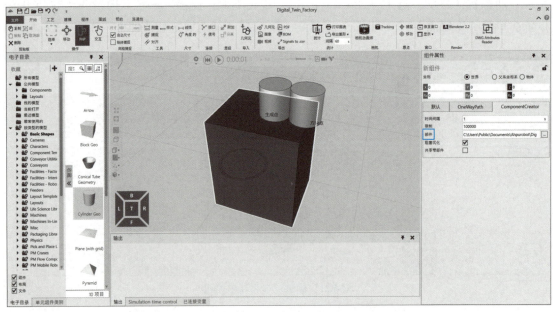

图 4.23　目标物体生成验证

使用 DTF 软件自带的组件发生器，运用 PnP 方式连接输送线。所以，需要添加自定义组件发生器接口，具备 PnP 连接功能。

　　重置项目运行，切换至"建模"页面，单击"行为"选项下拉栏中，在"节段和字段"中的"节段框坐标"栏选定"方向点"，并添加新节段"Flow"。按图4.24，设置"Container"为"OneWayPath"，设置"PortName"为"Output"。自定义组件发生器的"方向点"设置为PnP接口，路径中的物体传输至PnP连接设备。

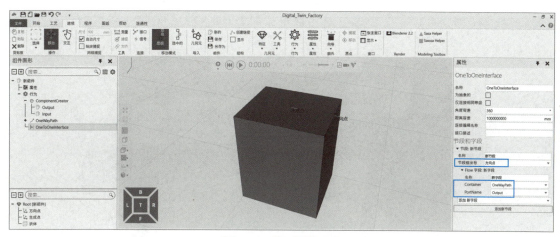

图 4.24　接口属性设定

　　现在，可以进行最终验证测试，切换至"开始"页面，拖拽一个输送线模型至虚拟世界，观察组件发生器与输送线之间PnP模式连接，如图4.25所示。

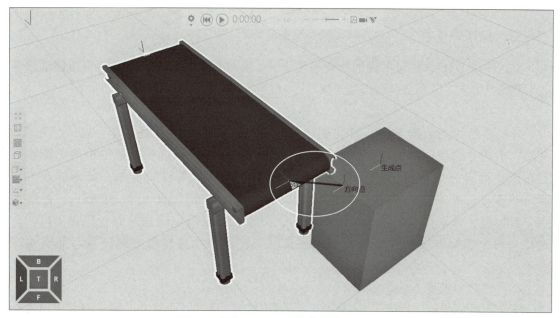

图 4.25　PnP模式连接

由于自定义组件发生器连接方向（路径方向）选定为 Y 轴正向，而输送线连接方向沿 X 轴。所以，两者互相垂直连接。连接成功后，可旋转输送线方向，与自定义组件发生器一致。

最后运行项目，组件发生器生成的物体可以转运至输送线，如图 4.26 所示。至此，组件发生器制作完成。

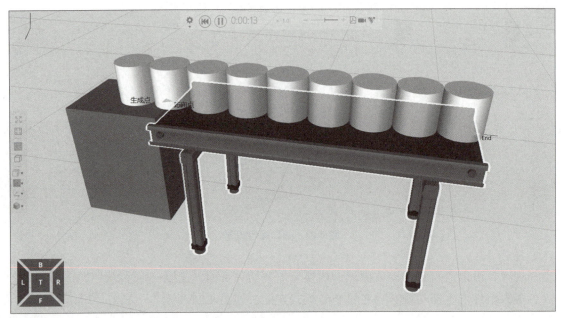

图 4.26　测试效果

二、制作输送线

输送线是 DTF 软件最关键的功能组件之一，在设备仿真时，DTF 软件自带输送线可能不能满足要求，需要自行制作输送线。

1. 创建特征

与制作组件发生器类似，首先创建一个立方体，作为输送线本体。进入"建模"页面，单击"组件"功能栏"新的"选项，再选择"特征"选项下拉栏中的"箱体"，则在虚拟世界原点位置创建一个立方体。在右侧"特征属性"框中，分别修改"长度""宽度""高度"属性，数值分别设定为 1800mm、500mm、700mm。再添加两个坐标框，分别修改名称为"in""out"，两个坐标框确定输送线的入口和出口。分别移动两个坐标框箱体至边缘两侧中点位置，注意两个坐标框方向一致，如图 4.27 所示。

2. 属性行为设定

输送线具备两种"行为"，一是可以运输物体，二是可以通过 PnP 模式与其他设备连接。所以，需要添加"OneWayPath"（单向路径）和两个"OneToOneInterface"（一对一），设定"OneWayPath"中的"路径"从"in"至"out"，如图4.28所示。

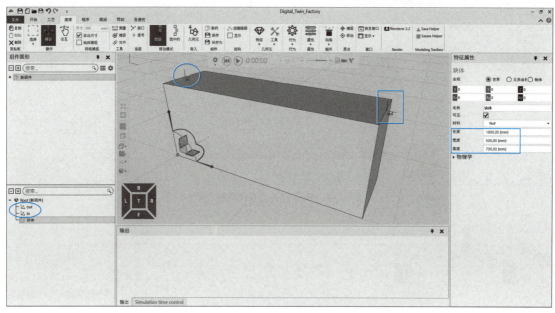

图 4.27　输送线相关特征创建

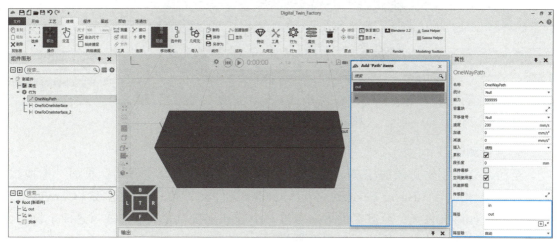

图 4.28　输送线路径设定

　　添加两个一对一接口，作为对应输送线入口、出口。为了更好地区分两个接口，第一个接口名称设定为"IN"，修改"节段框坐标"为"in"，添加新字段"Flow"，设置"Container"为"OneWayPath"，设置"PortName"为"Input"，如图4.29所示，输送线接收到的物体添加至路径。同理，设置另一个接口名称为"OUT"，修改"节段框坐标"为"out"，添加新字段"Flow"，设置"Container"为"OneWayPath"，设置"PortName"为"Output"，如图4.30所示，输送线路径上的物体传送至当前连接的设备。

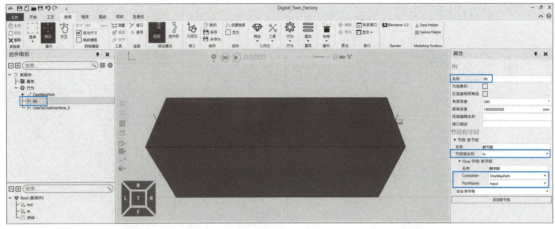

图 4.29　输送线入口的接口设定

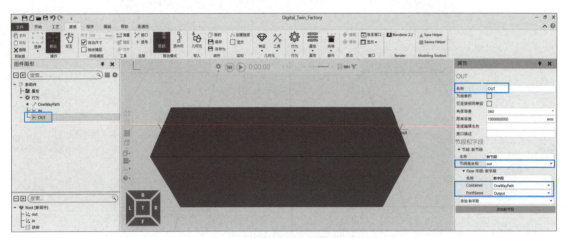

图 4.30　输送线出口的接口设定

3. 验证测试

至此，完成了输送线的定义。接下来测试输送线。切换至"开始"页面，拖拽添加一个组件发生器（Basic Feeder，位于 Feeder 文件夹）和一条输送线（Conveyor，位于 Conveyors 文件夹）至虚拟世界，通过 PnP 模式连接自定义输送线与这两个设备。如果无法通过 PnP 连接，则说明接口设置错误。

组件发生器生成物料的时间间隔改为 2s，项目运行时快速生成物料。可以观察到组件发生器生成的物料顺利移动到自定义输送线上，再转运到另一条输送线，如图 4.31 所示，表明自定义输送线设定正确。

三、制作机器人地轨

机器人地轨是大型生产线必备的设备之一。在制作机器人地轨时，涉及较复杂操作。本节熟悉一些基本概念，如链接、运动控制器等，为后续复杂建模储备必要知识。

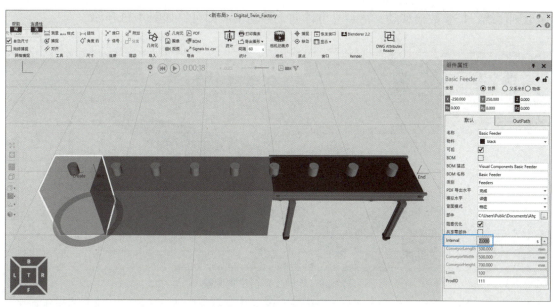

图 4.31　自定义输送线测试

1. 创建特征

首先创建机器人地轨轨道，进入"建模"页面，单击"组件"功能栏"新的"选项，创建一个新组件；再选择"特征"选项下拉栏中的"箱体"，添加一个箱体特征到新组件。在右侧"特征属性"框中，定义"长度""宽度""高度"属性，分别修改为6000mm、500mm、100mm，修改"名称"为"轨道"。再创建机器人地轨滑台部分，同样方法添加一个立方体，定义"长度""宽度""高度"属性，分别修改为500mm、500mm、100mm，修改"名称"为"滑台"，如图4.32所示。

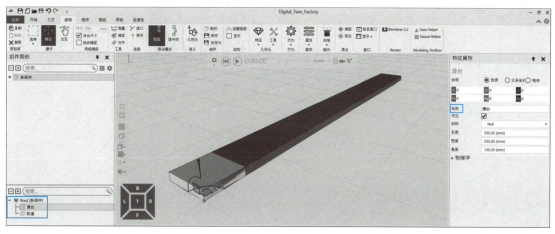

图 4.32　机器人地轨箱体创建

此时，代表轨道和滑台的立方体发生了模型重叠。所以，需要调整滑台位置。选中左侧下方特征窗口"滑台"，单击坐标框竖直向上箭头（Z轴），往上拖拽滑台。同时，光标靠近刻度线，按整数倍移动，滑台立方体向上移动 100 即可，如图 4.33 所示。

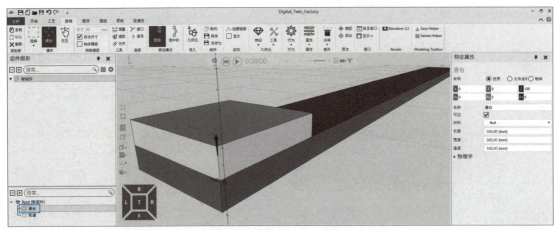

图 4.33　地轨上滑台位置调整

2. 移动部分编辑

滑台作为机器人地轨的移动部件，在 DTF 软件中需要设定滑台"链接"属性，滑台才能移动。选中"滑台"特征，右击，在弹出的快捷菜单中选择"提取链接"，如图 4.34 所示。

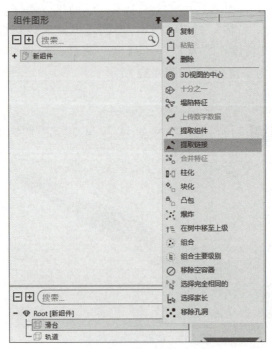

图 4.34　滑台部分为链接提取

执行上述操作后，可以观察到软件左侧"组件图形"区域出现了一个新链接

"Link_1"，再单击"新组件"，添加"行为"的"伺服控制器"至"组件图形"区域，如图 4.35 所示。

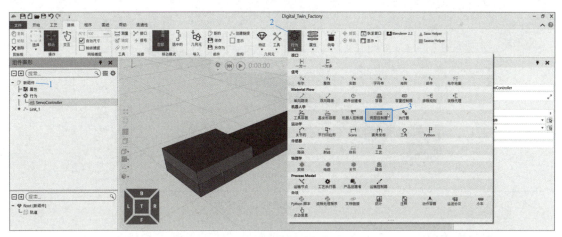

图 4.35　"伺服控制器"添加

　　"伺服控制器"行为组件用于驱动链接中的移动物体。选中"Link_1"，在右侧"链接属性"栏中设置相应属性，先选择"Controller"为上一步创建的伺服驱动器；再修改"轴"为"+X"，指示滑台运动方向。运动方向参照虚拟世界坐标系，虚拟世界坐标系方向在软件操作区左上角。修改"最大限制"为"5500"，代表滑台的移动范围，再修改"最大速度"为"1000mm/s"，如图 4.36 所示。

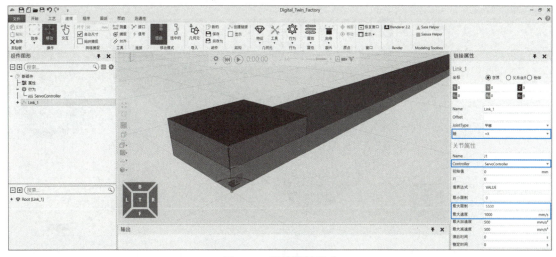

图 4.36　链接属性设定

　　切换至"交互"模式，拖动滑台，观察运动方向和范围，如图 4.37 所示。

　　验证滑台运动方向和范围符合预期后，需要在"Link_1"层级下添加一个新链接。使用向导功能，确定新链接起点位置，调整新链接位置，再合理确定滑台与机器人连接位置。

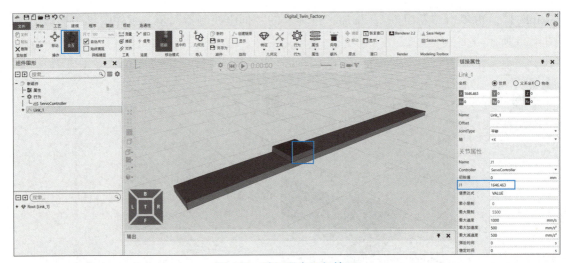

图 4.37　验证滑台运行情况

3. 使用向导功能

修改菜单栏"移动模式"一栏为"选中的",再单击选中"Link_1"。选择"结构"栏中的"创建链接",可以观察到"Link_1"层级下出现了一个"Link_2"。最后,通过"工具"栏中"捕捉",修改"Link_2"位置至滑台上表面中心,如图 4.38 所示。鼠标移至"向导"选项下拉栏中"定位器",如图 4.39 所示,自动弹出解释文字。根据解释文字,了解此功能使用方法。需要定义组件动力结构和伺服控制器,两个条件具备后,可以执行下一步操作。

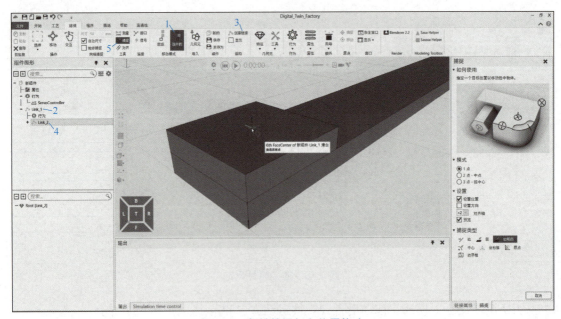

图 4.38　新链接添加和位置修改

选中"Link_2",单击"定位器"向导功能。在右侧"定位器"栏中,修改"定位器类型"为"Robot Positioner",确定"凸缘链接"为"Link_2",单击"应用"按钮。当下方输出窗口出现提示信息"Positioner behaviors created.You may close the wizard now"，则代表机器人地轨与机器人连接创建成功，如图 4.40 所示。

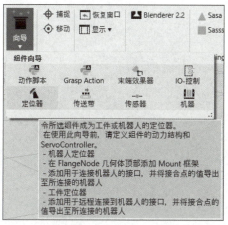

图 4.39 "定位器"说明

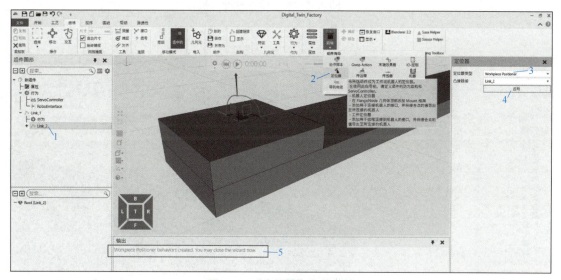

图 4.40 "定位器"向导功能

4. 外观修改

定义机器人地轨属性后，可以使用"工具"选项下拉栏中的"指定"，修改模型外观颜色，区分滑台与轨道。

单击"指定"后，软件右侧出现选择颜色材质的"指定物料"对话框。切换至"库"一栏，先选择目标颜色，再单击目标模型，如图 4.41 所示。本节的颜色仅为操作示范，用户可自行设定颜色。

最后，验证机器人地轨功能的正确性。切换至"开始"页面，在 PnP 模式下，观察滑台上表面中心处代表 PnP 连接的三角形标识，如图 4.42 所示。

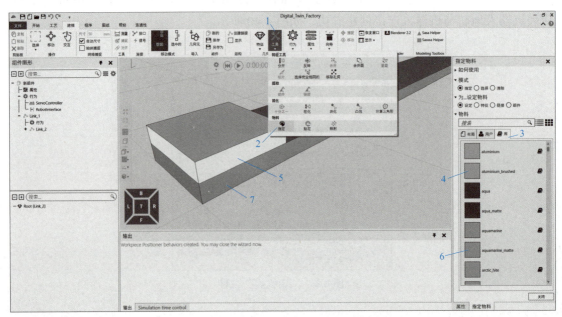

图 4.41　模型颜色设定

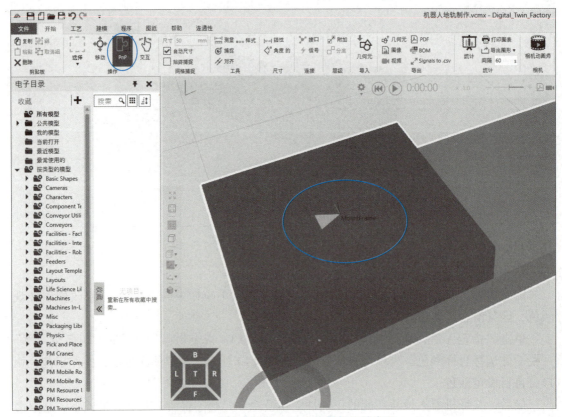

图 4.42　滑台表面中心 PnP 连接标识的出现

从电子目录中拖拽一个机器人至操作区，本节选择 IRB 1600-6/1.45，选用 PnP 方式连接机器人与地轨滑台。连接成功后，切换为"交互"模式，拖拽滑台，可观察到机器人随滑台移动，如图 4.43 所示。如果出现机器人连接位置错误或其他异常，则应检查"Link_2"位置是否正确，"定位器"向导是否正确。

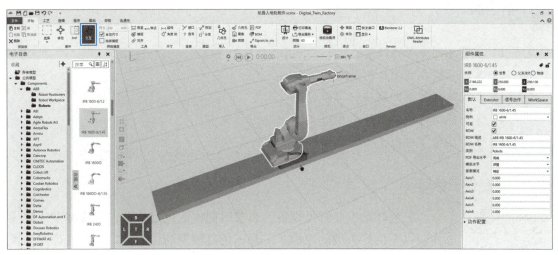

图 4.43　机器人随滑台移动状态

另外，切换至"程序"页面，在机器人"点动"对话框，能观察到地轨属于机器人扩展轴，如图 4.44 所示，则表明自定义机器人地轨成功。

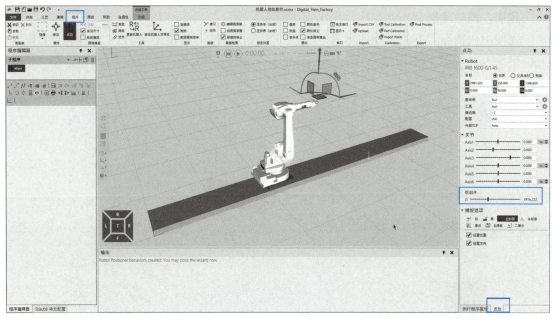

图 4.44　机器人地轨验证

第三节 复杂建模

学习目标:

1) 理解模型导入方法。
2) 掌握模型各部分机构处理方法。
3) 掌握建模页面功能按钮用法。
4) 掌握辅助建模工具使用方法。
5) 掌握运动学规则,定义运动机构方法。

一、制作三色灯

制作三色灯

三色灯是工业常见设备,本节以制作三色灯为例,讲解复杂建模操作。以三色灯为例的原因,一是三色灯模型结构简单,拆分处理模型操作工作量较少,便于初学者理解;二是涉及建模功能的多数知识点,期望初学者举一反三,自行尝试类似设备定义。

1. 导入模型

设备模型导入有两种操作方法:一种是直接导入,模型不做任何预处理,拖拽模型文件至 DTF 软件操作区,完成导入;另一种方式则通过 DTF 软件菜单栏"导入"中"几何元"选项,预处理模型,此方法常用于大型设备。

先使用快捷导入方法,拖拽名为"三色灯模型 .STEP"的模型至 DTF 软件操作区,完成模型导入,如图 4.45 所示。

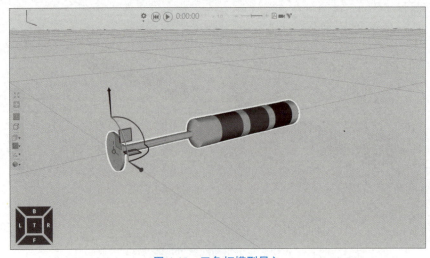

图 4.45 三色灯模型导入

完成导入后，模型姿态不便于操作。一般情况下，根据虚拟世界坐标系，竖直放置模型。调节模型坐标框，绕 X 轴旋转 $90°$，或者直接修改属性中 "Rx" 的值为 90，如图 4.46 所示。

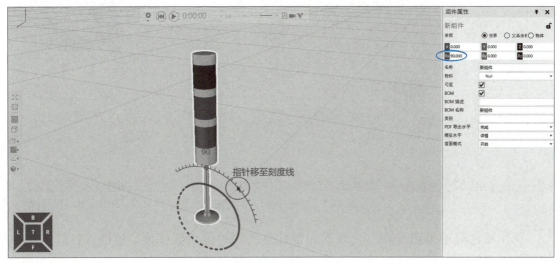

图 4.46 三色灯模型姿态调整

在下一步操作之前，需要理解模型原点和特征原点的概念。上一步，通过绕 X 轴旋转操作，三色灯模型调整到竖直方向。此 X 轴与虚拟世界坐标系的 X 轴一致，DTF 软件的虚拟世界里存在一个固定参照系，方便用户判断和调整模型姿态的方向。所以，在虚拟世界坐标系下，模型原点表示模型位置的参考点。

第二节内容针对一个设备创建多个特征，如机器人地轨。那么，地轨、滑台和轨道都存在各自原点，这些原点则是特征原点，表示地轨、滑台和轨道的特征在虚拟世界坐标系下的位置。清楚这两个原点的概念后，在操作中应注意修改原点的对象。

导入三色灯模型后，三色灯"平躺"在地面，说明模型原点方向与虚拟世界坐标系方向不一致，将其绕 X 轴旋转调整到竖直方向，三色灯的原点模型同样绕 X 轴旋转。因此，需要重新设定三色灯原点。

"开始"页面下，选中三色灯模型，单击"原点"栏中"移动"选项，第二章第一节已介绍"捕捉"与"移动"用法，只需调节模型原点的方向，不调整位置，所以选择"移动"按钮。右侧显示了当前模型原点在虚拟世界坐标系下的姿态，可以观察到"Rx"值为"90"，表示模型原点相对于虚拟世界坐标系，在 X 轴方向偏移了 $90°$。单击"Rx"，可将其值归零，或手动将"90"改为"0"，如图 4.47 所示。最后，单击"应用"按钮，完成原点方向调整。

选中模型后，修改模型原点，如图 4.47 所示。因为在"建模"页面，模型的每个特征都可以单独选中，而模型原点与模型的特征原点互相独立。那么，就存在修改了特征原点，而没有修改模型原点的情况。所以，如果在"建模"页面修改模型原点，一定要注意选择的对象，要选中模型，而不是特征。

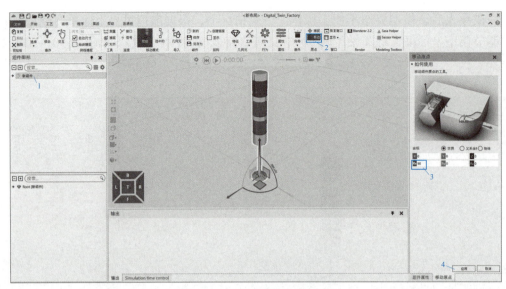

图 4.47　三色灯模型原点修改

制作三色灯的思路是在三色灯发光位置变换同种颜色圆柱体，模拟三色灯点亮和熄灭。

所以，处理三色灯模型的第一步为确定发光位置，并在该位置上创建尺寸合适的圆柱体，模拟发光效果。进入"建模"页面，拆分三色灯发光位置的模型，可以选择"工具"选项栏中的"分开"功能。

单击"工具"选项栏中的"分开"后，按住〈Ctrl〉键，依次单击需要拆分的特征，如图 4.48 所示。选中三色灯发光位置，再单击右下角"分开"按钮，选中部位拆分为单独特征。为了方便观察，将拆分后的部位拖拽出来，如图 4.49 所示。

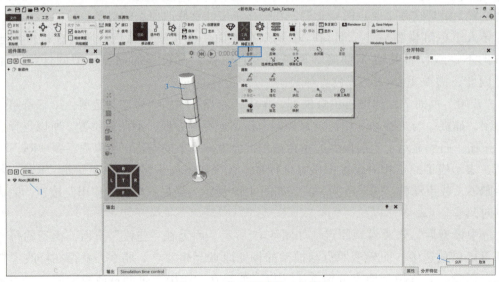

图 4.48　三色灯模型第一次拆分

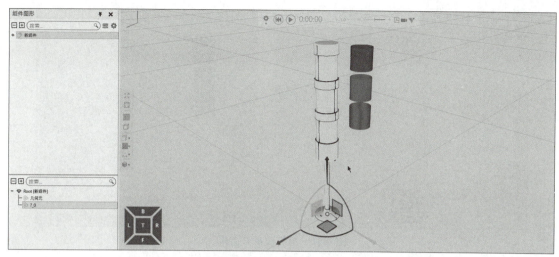

图 4.49　第一次拆分结果

可以观察到，在三色灯模型发光位置仍有多余特征，影响后续操作。所以，还需依次执行"分开"操作。此次"分开"操作需要修改"分开等级"为"面"，才能选中目标特征，如图 4.50 所示。

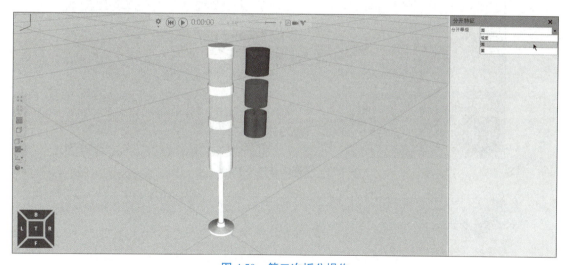

图 4.50　第二次拆分操作

2. 外壳模型填充

第二次拆分结果如图 4.51 所示。为了方便观察，拖出拆分的特征。

可以观察到，三色灯模型多余部分已经拆分，可以删除多余部分，剩余部分仅为外壳，中间部分没有实体，影响视觉效果，先将三色灯外壳部分填充完整。根据模型构造，可以选择圆柱体填充，使用测量功能确定填充部分圆柱体尺寸，如图 4.52、图 4.53 所示。

单击"特征"下拉栏中的"圆柱体"，创建一个圆柱体特征，修改"半径"为 30mm，"高度"为 20mm，再通过"捕捉"或"对齐"等方法，移动圆柱体至空壳位置，完成填充，如图 4.54 所示。

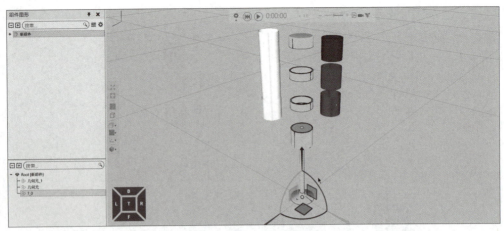

图 4.51　第二次拆分结果

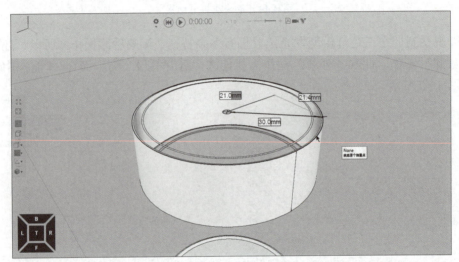

图 4.52　填充圆柱体半径测量

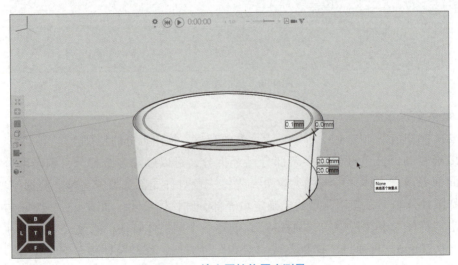

图 4.53　填充圆柱体厚度测量

图 4.54 填充圆柱体

使用多边形绘制拟合圆形，圆柱体"特征属性"中的"截面"表示多边形的边数，默认为 12，可以明显观察到边角，因此修改为 36，圆形变得更平滑。在半径尺寸不合适的前提下，继续增加数量，可以获得更好的外观效果，但模型占用内存将增加，可能导致运行卡顿。

按照同样方式，创建同等尺寸圆柱体，移动至合适位置，填充外壳模型，如图 4.55 所示。

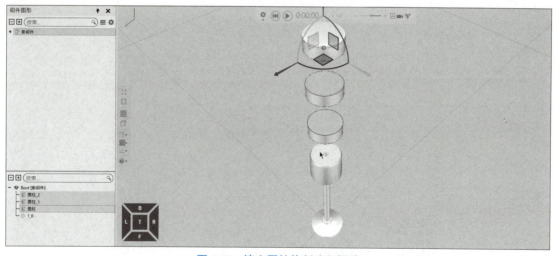

图 4.55 填充圆柱体创建和摆放

当前所有特征均代表三色灯外壳部分，可以合并这些特征。

首先，选中所有特征，右击，在弹出的快捷菜单中选择"塌陷特征"，如图 4.56 所示。此操作在于消除特征属性，修改为不可变的几何元，再单击"合并特征"。合并后，当前所有特征合并为一个特征，结果如图 4.57 所示。

单击"工具"下拉栏中"指定"选项，修改外壳颜色，如图 4.58 所示。此操作修改模型外观的协调性，不是必须操作。

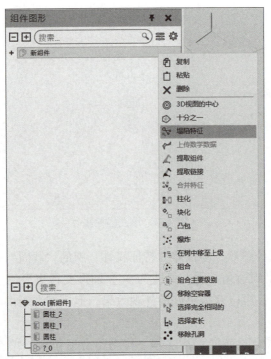

图 4.56　塌陷特征

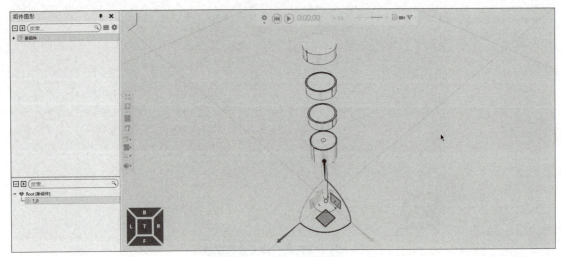

图 4.57　特征合并结果

3. 发光部分制作

为了区分各模型特征，修改当前特征名称为"三色灯壳体"。接下来，开始制作三色灯发光位置和效果。同样使用测量功能，确认发光范围，即三色灯发光时，发光位置出现对应颜色的圆柱体。该圆柱体半径在前面已经测量过，现在测量高度，如图 4.59所示。

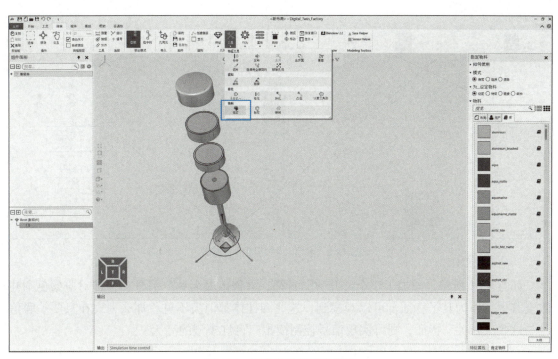

图 4.58　三色灯壳体颜色修改

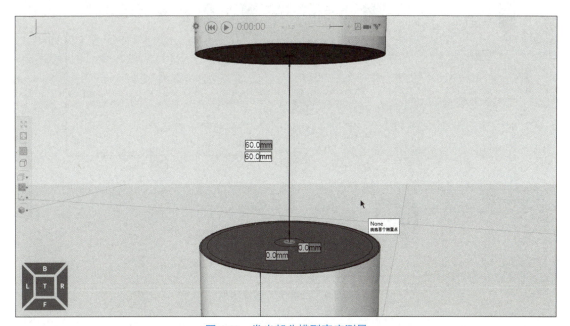

图 4.59　发光部分模型高度测量

按以前的方法创建三个圆柱体，分别修改名称为"绿""黄""红"，并修改材料属性与颜色对应，最后移动至对应位置，如图 4.60 所示。

现在添加三个带有颜色的圆柱体，模拟三色灯点亮效果。接下来，通过信号控制圆柱体出现和消失，模拟三色灯点亮和熄灭。

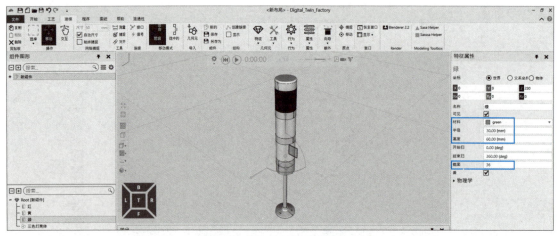

图 4.60　名称、材料和位置修改

如图 4.61 所示，添加了三个"开关"特征，并修改其名称。另外，拖拽对应颜色圆柱体至其中，作为其子特征。可以观察到，这些圆柱体都消失不见。那么，现在只要关联信号与这些"开关"特征，则可实现信号控制模拟三色灯模型的亮灭。

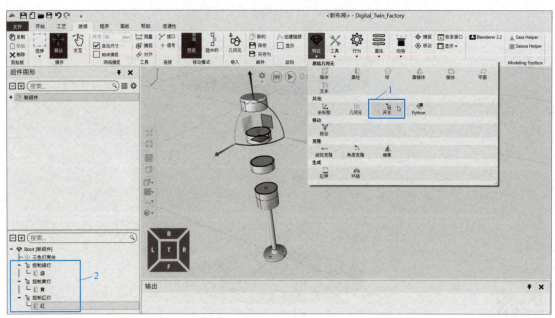

图 4.61　"开关"特征添加

如图 4.62 所示，三色灯模型添加"布尔"属性，并修改对应的名称与颜色。

完成"布尔"属性添加后，即设定控制亮灭信号。所以，现在需要关联三个信号与"开关"特征。如图 4.63 所示，单击"开关"特征，在其右侧"特征属性"中的"选择"栏，输入对应颜色的控制信号名称，注意名称一定要与"布尔"属性的名称一致，否则会报错。

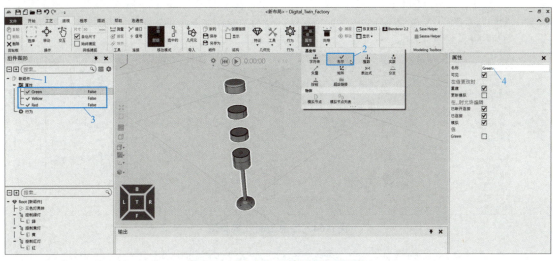

图 4.62　"布尔"属性控制信号添加

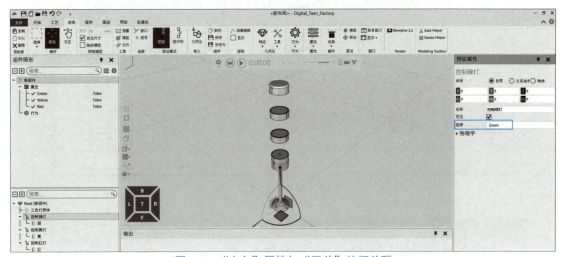

图 4.63　"布尔"属性与"开关"特征关联

按照上述操作，分别关联其余两个信号"Yellow""Red"与"控制黄灯""控制红灯"。选中信号，开始测试，如图 4.64 所示，置位"Green""Red"信号，则绿色、红色圆柱体出现，模拟绿灯、红灯点亮。

4. 模型外观完善

至此，三色灯模型点亮和熄灭模拟设定完毕，在灯没有点亮时，模型外观不太自然。所以，最后的收尾工作是美化、完善三色灯模型，使显示效果更加逼真。

按照前面的方法，再次创建三个圆柱体，并移动至发光位置，按照对应的位置颜色，分别修改圆柱体材料属性为"transp_green""transp_yellow""transp_red"，如图 4.65 所示。使用彩色透明圆柱体，模拟灯罩。添加和设定属性后的效果如图 4.66 所示。

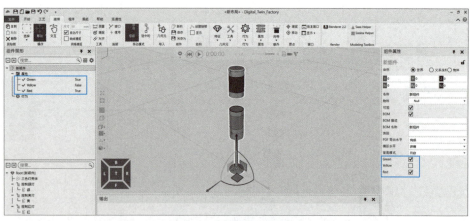

图 4.64　信号控制效果测试

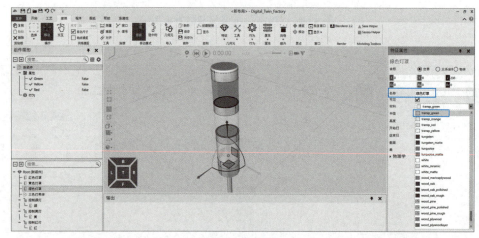

图 4.65　灯罩添加

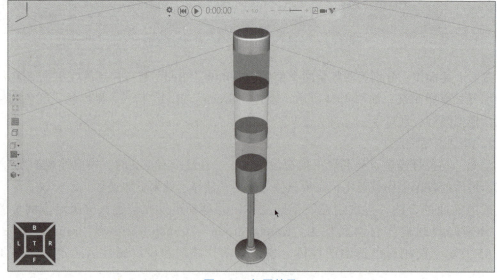

图 4.66　灯罩效果

　　另外，三色灯在不发光时，发光部位不完全透明，中间存在固定部件。所以，这里创建一个"半径"为10mm、"高度"为220mm的圆柱体，"材料"改为white，再移动至三色灯中心位置，如图4.67所示。

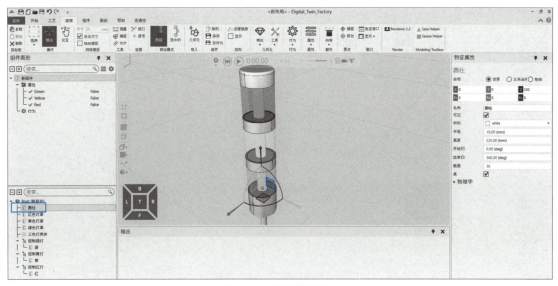

图 4.67　支撑部件添加

　　完成三色灯外观美化后，自定义三色灯模型制作完毕。可以选中三色灯模型，在右侧属性栏中，可通过勾选或取消勾选信号框，控制对应颜色灯"点亮"或"熄灭"，如图4.68所示。

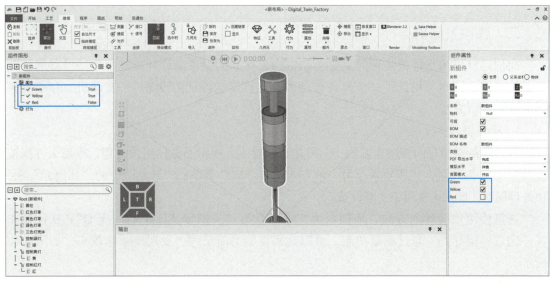

图 4.68　测试效果

　　在制作自定义三色灯模型中，创建了多个圆柱体特征。为了防止误操作，改变特征属性，每个特征需完成"塌陷特征"操作，转换成"几何元"。

最后，修改三色灯模型名称。通过"建模"页面菜单栏"组件"栏里"另存为"，单独保存模型，以后可以直接调用，如图 4.69 所示。

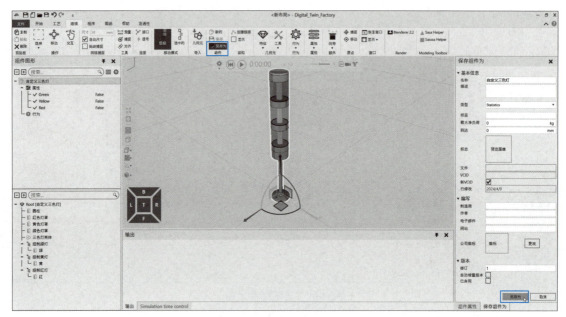

图 4.69 三色灯模型保存

本 DTF 软件自带模型库，即电子目录中自带一个三色灯模型"3 Light Tower"，其制作方式与本节介绍的操作方法有所不同，但原理相同，读者可自行对比观察，理解两者异同之处。

二、模拟发动机运行

曲柄连杆机构是机械装置的重要运动机构，在非标设备设计开发过程中，经常遇到此类机构。因此，本节挑选了一个具备典型曲柄连杆机构特征的设备——发动机，介绍其模型创建和编辑方法。

1. 导入模型

导入设备模型有两种操作方法：一种是直接导入，模型不做任何预处理，模型文件拖拽至 DTF 软件操作区，完成导入；另一种方式是通过软件菜单栏"导入"中的"几何元"项，预处理模型，此方法常用于大型设备。

这里使用快捷导入方法，拖拽名为"第四章第三节模型 .SLDPRT"至 DTF 软件操作区，完成模型导入。通过测量功能，可以观察模型当前尺寸，发现尺寸比较小，如图 4.70 所示。

2. 模型处理

模型尺寸太小，操作时调节视角不方便，所以需要放大模型尺寸。切换至"建模"

页面，在左侧下方特征框选中父级特征，在右侧"特征属性"的"表达式"中输入"Sz（3）.Sy（3）.Sx（3）"，如图 4.71 所示，分别在 *X*、*Y*、*Z* 轴上等比例放大模型，放大后的尺寸如图 4.72 所示。

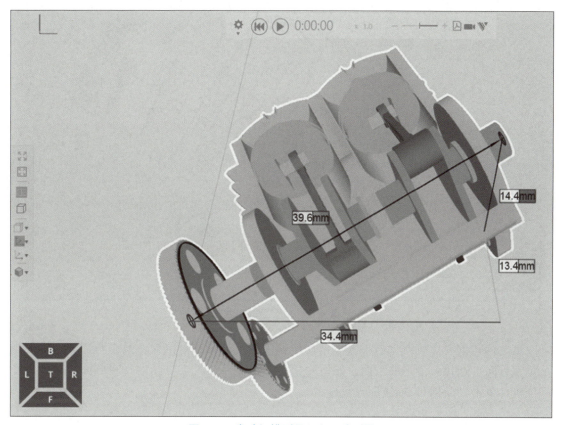

图 4.70　发动机模型导入和尺寸测量

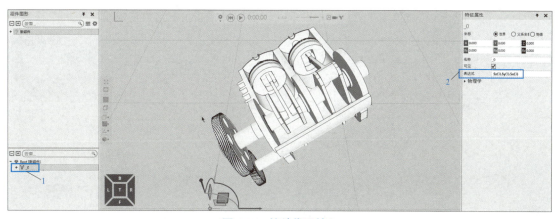

图 4.71　缩放代码输入

当前模型姿态不方便调整视角，模型原点不在模型上，姿态调整不方便。所以，首先修改模型原点。

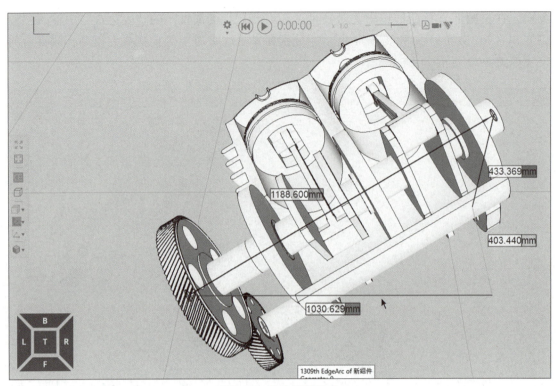

图 4.72 放大后的尺寸

这里选择的原点位置仅做参考点，操作者可自行选择原点位置，最终调整发动机模型至竖直方向。选择一个平整表面，方便后续姿态调整。如图 4.73 所示，在侧面转轴处选择一个点，单击"应用"，完成原点设定。

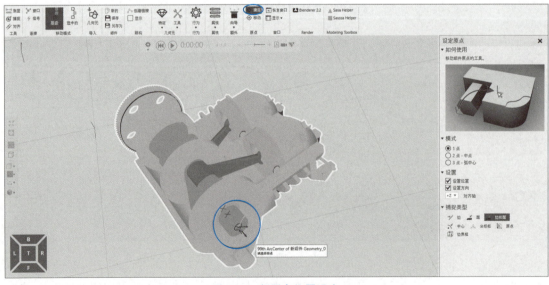

图 4.73 新原点位置设定

设定模型原点后，可以方便快捷地调整模型姿态。如图 4.74 所示，调整模型至竖直方向。在调整模型位置时，还可创建一个新的箱体组件，借助"对齐"功能，发动机模型的原点面与箱体某个面对齐，即快速调整发动机模型的姿态。

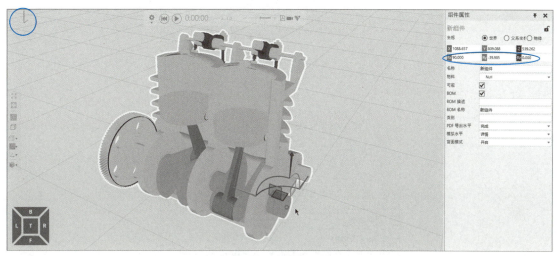

图 4.74　模型姿态调整

与前面制作三色灯类似，调整姿态后，重置模型原点方向，与虚拟世界坐标系方向一致，如图 4.75 所示。

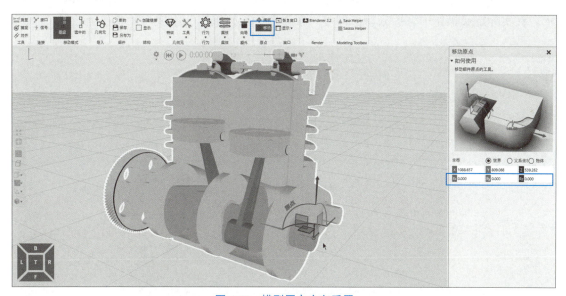

图 4.75　模型原点方向重置

接下来，完成"塌陷特征"操作，消除所有特征属性，并统一原点，方便后续操作，如图 4.76 所示。

然后，拆分发动机模型中各运动件，保持互相独立特征。通过"分开"功能，模型拆分为包含多个几何元特征，此处不再赘述，与前面三色灯模型拆分类似。

图 4.76 "塌陷特征"操作

为了方便读者理解，各动作部件拆分为独立特征后，从模型本体中拖出，如图 4.77 所示。在实际定义操作中，拆分特征即可。根据曲柄连杆机构的组成，命名各运动件。

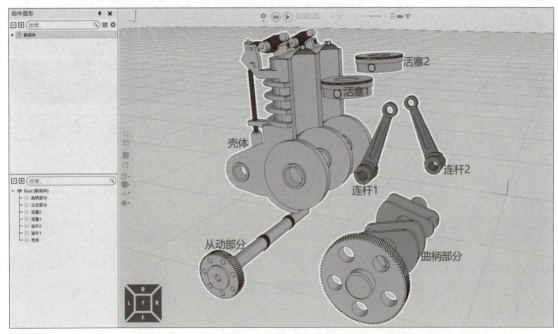

图 4.77 "分开"操作

在前面的例子中，运动件提取为链接，并进一步定义动作。这里需要同样操作，如图 4.78 所示，提取运动件特征并链接。

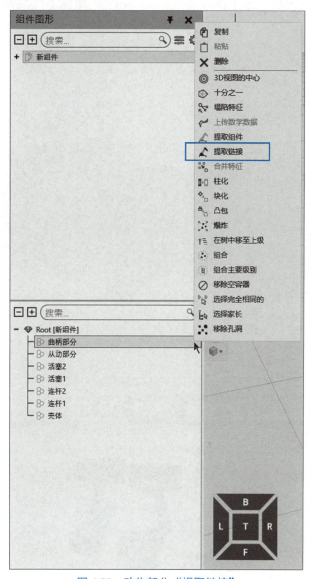

图 4.78　动作部分"提取链接"

需要注意，提取链接顺序为曲柄部分、连杆 1、活塞 1、连杆 2、活塞 2、从动件。接着，根据从动关系，设定以上链接的层级。显然，连杆在绕转轴运动时，还会随曲柄转动。活塞除了绕转轴旋转，还随连杆移动。根据这些从动关系，将"Link_3"拖拽至"Link_2"中，再拖拽"Link_2"至"Link_1"中。连杆 2、活塞 2 链接处理方法与上述相同，链接设定最终结果如图 4.79 所示。

主动件曲柄提取为"Link_1"，添加"行为"→""ServoController"（伺服控制器），再设定"Link_1"对应的属性，与"ServoController"链接，如图 4.80 所示。

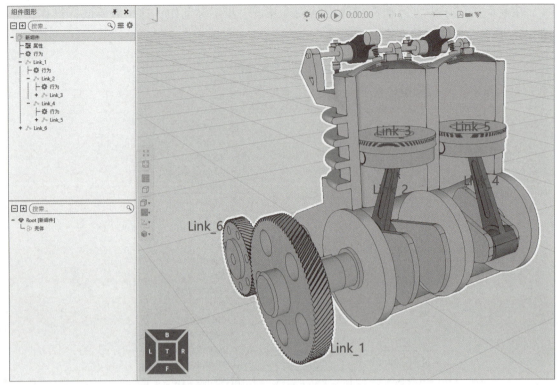

图 4.79   运动部分链接

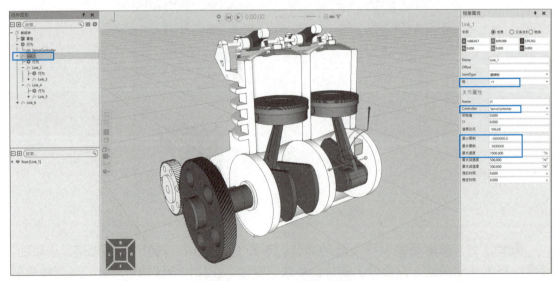

图 4.80   Link_1 运动属性设定

3. 运动规则设定

接下来，设定连杆和活塞的运动规则，即推导曲柄连杆机构的运动规律。所以，需要测量当前曲柄连杆机构的初始夹角。先在"壳体"模型特征树下，创建三个辅助坐标框，并移动至曲柄连杆机构的各转轴位置，如图 4.81 所示。利用三个辅助坐标框，计算曲柄连杆机构各杆件间的初始角度。

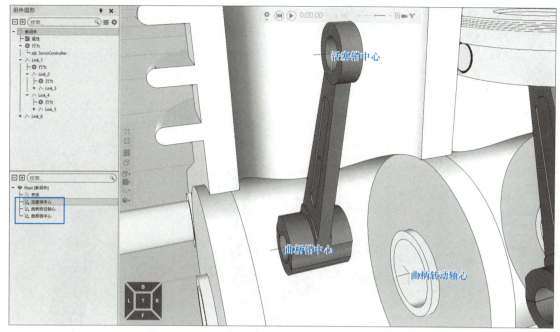

图 4.81　辅助坐标框设定

　　首先单击"Sasa Helper"，再依次单击三个坐标框。那么，可以在输出框中观察每个夹角数值和每条边长度，如图 4.82 所示。

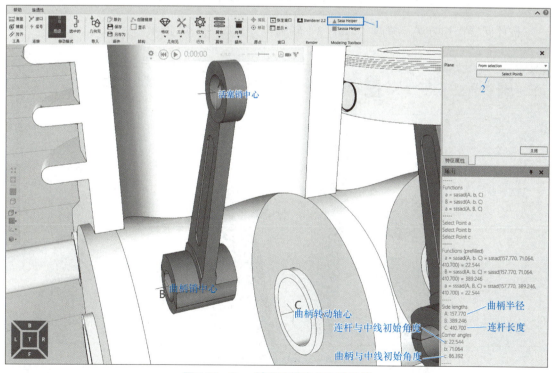

图 4.82　Sasa 辅助建模夹角自动计算

单击选中"Link_2"，可以观察到转轴坐标框位置不合适，需要调整。操作方法为修改"移动模式"为"选中的"。注意，这里的修改只针对"Link_2"，所以一定要在"选中的"状态下修改转轴位置，否则其子链接也会被修改。再使用"工具"菜单栏中"捕捉"功能，把"Link_2"转轴位置修改至曲柄销中心，如图4.83所示。

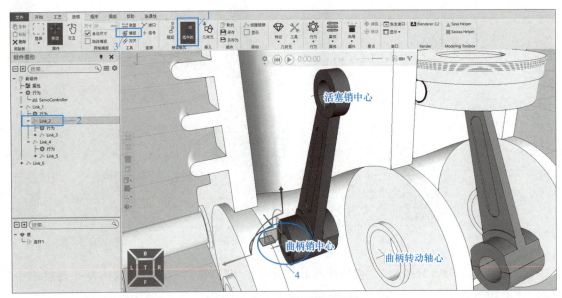

图 4.83　Link_2 转动轴心调整

按照同样操作方法，修改"Link_3"转轴位置，如图 4.84 所示。

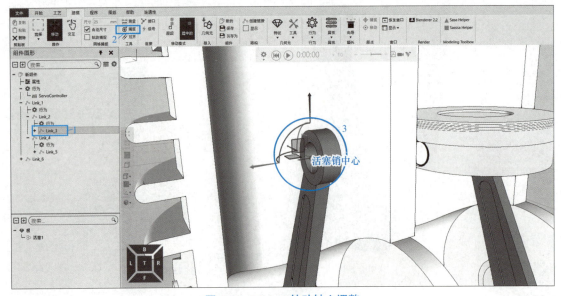

图 4.84　Link_3 转动轴心调整

选中"Link_2"，利用前面 Sasa 辅助建模工具，测量角度和长度值，以及曲柄连杆机构运动规律，得出连杆角度与曲柄角度间的变化关系。这里"VALUE"表示曲柄运动角度，通过曲柄连杆机构相关公式，可以得出"Link_2"——连杆的运动公式，填入对应位置，如图 4.85 所示。这里仅介绍方法，不推导运动公式，读者可自行尝试。公式中，asind 表示 arcsin，sind 表示 sin，属于软件规定的写法。

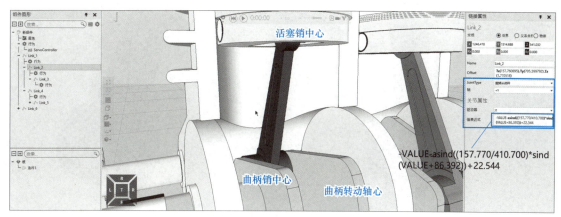

图 4.85　Link_2 运动规则设置

同理，按照类似方法推导"Link_3"——活塞运动规则，如图 4.86 所示。需要注意，连杆和活塞都做旋转运动，运动合成效果导致活塞平移。

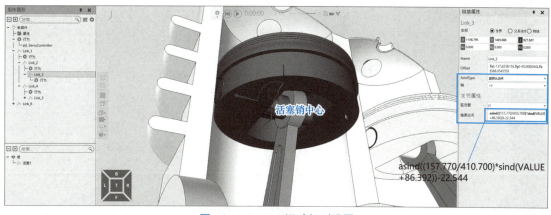

图 4.86　Link_3 运动规则设置

接下来，按照同样的方法创建连杆 2、活塞 2 辅助坐标框，再测量它们与曲柄构成的初始角度，推算各自运动表达式，如图 4.87~ 图 4.90 所示。

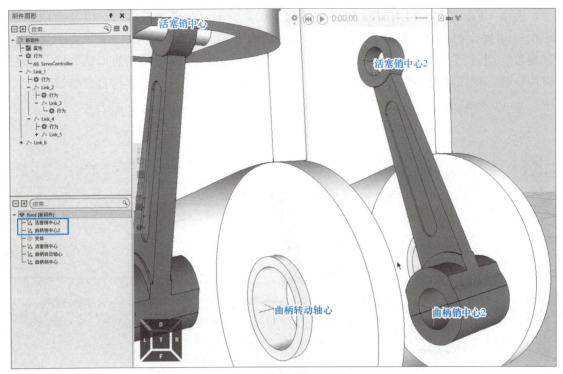

图 4.87　辅助坐标框创建

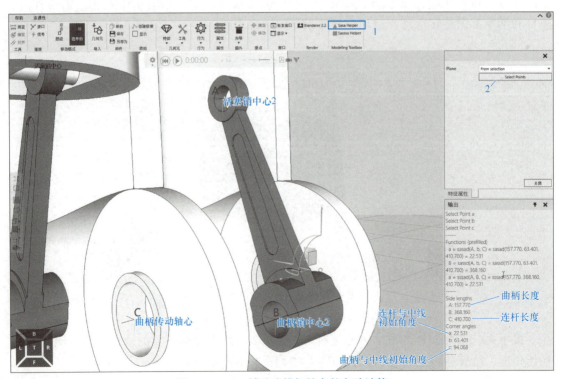

图 4.88　Sasa 辅助建模初始参数自动计算

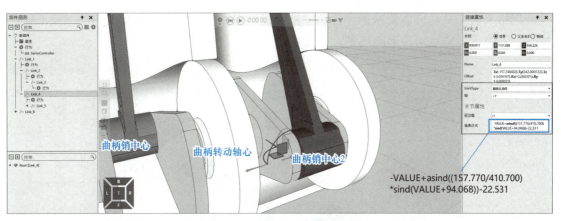

图 **4.89**　连杆 **2** 运动规则设定

图 **4.90**　活塞 **2** 运动规则设定

至此，发动机曲柄连杆机构动作规则设定完毕，可以切换至"交互"模式，拖动曲柄，测试动作。根据实际情况，修改旋转方向或运动公式，运动最终效果如图 4.91 所示。

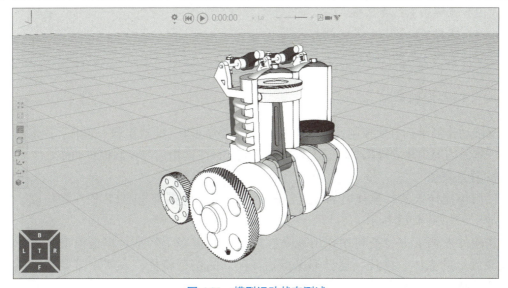

图 **4.91**　模型运动状态测试

严格来说，从动件需要根据半径尺寸推算运动规则。这里仅介绍操作方法，故不详细推导，只简单设定从动件运动规则，如图 4.92 所示。

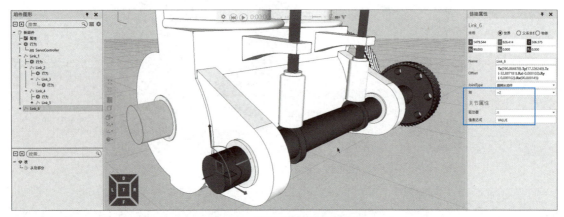

图 4.92　从动件运动规则设定

设定所有对象，选中整体模型，保存模型为独立的项目文件。

第四节　程序脚本建模

学习目标：

1）掌握常用模型处理方法。
2）掌握自定义脚本编辑方法。
3）理解脚本编辑思路。
4）掌握实际模拟效果的制作方法。
5）掌握常用向导功能。

一、制作推料气缸

气缸动作简单，方便控制，常用于当前自动化类设备，完成推料、顶升、固定物料等作业。本节内容为建立虚拟气缸，实现推料功能，最终运用信号控制推料动作。

1. 导入模型

使用快捷导入法，拖拽名为"气缸模型 .STEP"的模型至 DTF 软件操作区，完成模型导入，如图 4.93 所示。

在软件左侧下方特征树中，出现气缸模型，具备多个特征。单击模型各部分，可以发现气缸的壳体、推杆、螺母都保持相互独立的模型特征，表明不需要完成塌陷特征、合并特征、切分模型等操作。

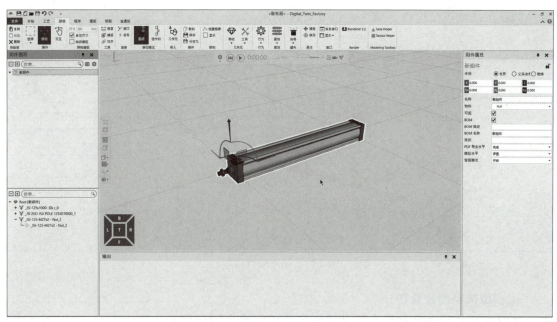

图 4.93　气缸模型导入

接下来，选定模型中主动件特征，检查是否完全选中，准备后续提取链接。按住〈Ctrl〉键，选择气缸推杆和推杆前部的螺母。全部选中后，按住坐标框 Z 轴，拖拽选中部分，检查有没有漏选或者错选，如图 4.94 所示。

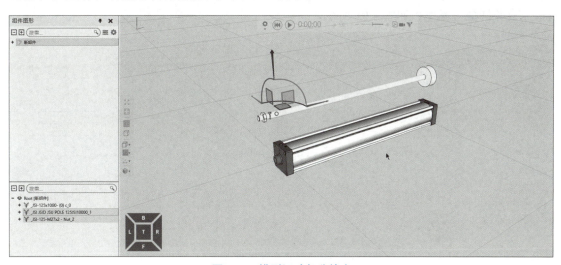

图 4.94　模型运动部分检查

检查无误后，按〈Ctrl+Z〉组合键，撤销刚才的移动操作。

2. 模型运动部分处理

保持选中运动件模型特征，完成"提取链接"操作，运动件提取为"Link_1"，再添加"伺服控制器"。本章第三节已详细介绍了此部分操作方法，故不再赘述。

设置"Link_1"运动属性，包括类型、方向、控制器、行程，设置完成后，使用"交互"测试运动状态，检查正确性，如图 4.95 所示。

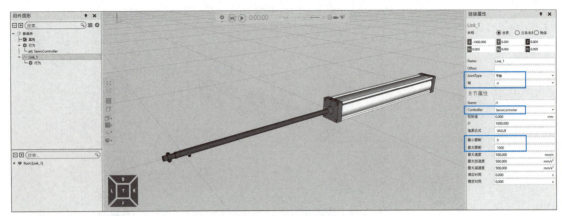

图 4.95　运动属性设定

3. 模型推料部分处理

此时气缸模型的推杆没有安装挡板，所以需要自行创建一个推料挡板，并安装到推杆上。

选择"Link_1"，在其特征中创建立方体，立方体设置合适尺寸，如图 4.96 所示。选中立方体，进入"对齐"模式。先单击立方体中心，再单击推杆中心，完成位置设定。移动立方体至推杆中心，如图 4.97 所示。最后，选中"Link_1"所有特征，完成"塌陷特征""合并特征"操作，如图 4.98 所示。

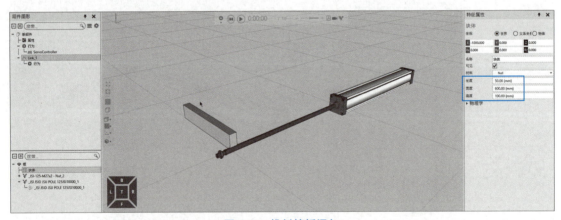

图 4.96　推料挡板添加

4. 推料相关部分制作

接下来，完成推料动作设定。首先分析推料动作实现的思路，在推块的表面添加传感器和容器组件，当传感器检测到物料时，添加物料至容器，物料随推块移动，即实现推料作业。当推杆运动到最大位置，即物料被推到极限位置时，由于容器组件不具备释放功能，推杆缩回时物料仍会随推块移动。所以，物料需要由推块容器转移至新的容器，令其停留。

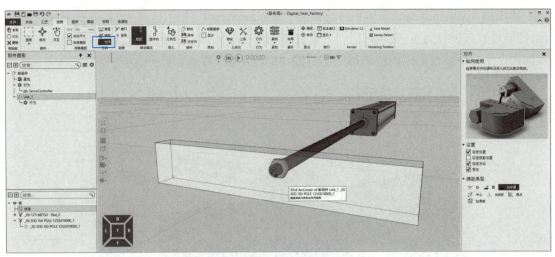

图 4.97　推料挡板位置调整

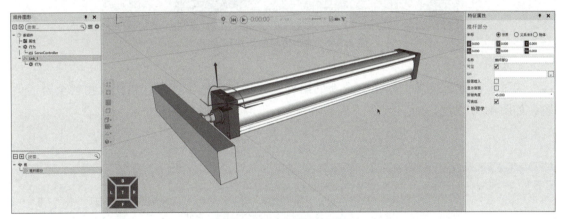

图 4.98　推杆部分特征处理

根据上述思路，添加两个坐标框，移动至推块对角位置，如图 4.99 所示，用于确定传感器位置。

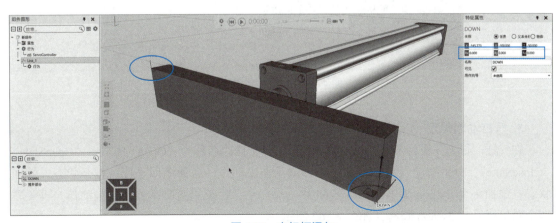

图 4.99　坐标框添加

再添加"VolumeSensor"（体积传感器）、"BooleanSignal"（布尔信号）、"ComponentSignal"（组件信号）三种行为至"Link_1"。再设置体积传感器属性，关联两个信号。设定前一步创建的两个坐标框，设定体积传感器检测范围，如图 4.100 所示。

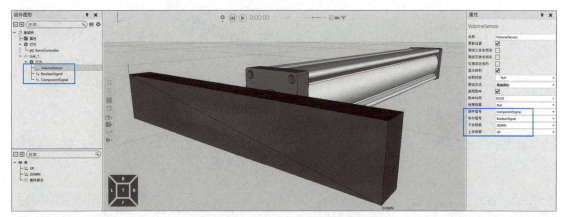

图 4.100　体积传感器添加和设定

为了验证推料效果，创建一个新的组件，并添加圆柱体特征，再摆放物料至合适位置，如图 4.101 所示。

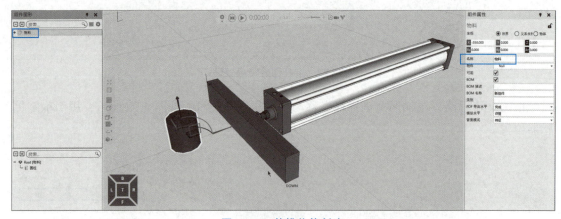

图 4.101　待推物体创建

5. 气缸动作设定

在气缸"行为"根目录下，添加四个布尔信号，修改名称为"Open""Close""OpenState""CloseState"，分别对应气缸动作状态，即激活伸出动作、激活缩回动作、打开状态、缩回状态；添加一个 Python 脚本，修改名称为"motion"，后续用此脚本控制气缸动作。再关联四个布尔信号与 Python 脚本，如图 4.102 所示。

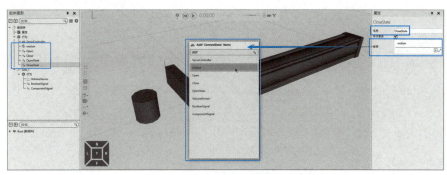

图 4.102 气缸信号设定和脚本关联

双击"motion"脚本,进入编辑模式,在编辑窗口中输入如下代码,如图 4.103 所示。

```
from vcScript import*

# 从虚拟世界中获取组件 " 行为 "
comp = getComponent( )
open = comp.findBehaviour('Open')
close = comp.findBehaviour('Close')
OpenState = comp.findBehaviour('OpenState')
CloseState = comp.findBehaviour('CloseState')
servo = comp.findBehaviour('ServoController')

def OnSignal(signal):
  pass

def OnRun( ):
  # 开始运行时,气缸处于缩回状态
  CloseState.signal(True)
  while True:
    # 等待控制气缸伸出信号被触发
    triggerCondition(lambda:open.Value and close.Value == False)
    CloseState.signal(False)
    servo.moveJoint(0,1000)
    OpenState.signal(True)
    # 等待控制气缸缩回信号被触发
    triggerCondition(lambda:open.Value == False and close.Value)
    OpenState.signal(False)
    servo.moveJoint(0,0)
    CloseState.signal(True)
    delay(0.01)
```

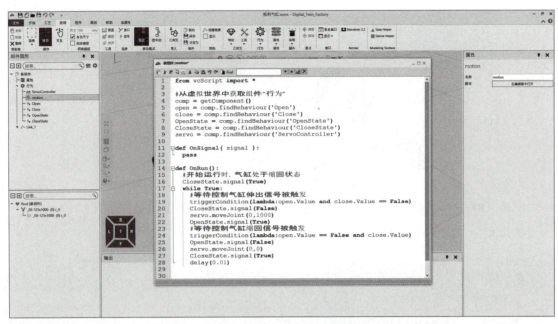

图 4.103　气缸动作脚本编写

完成输入后，可直接关闭窗口，系统自动编译。若出现报错信息，根据报错信息修改程序。

图 4.104 彩图

　　上述代码用 Python 语言编写，需要遵守 Python 语言语法规则。指令中"servo.moveJoint（*，*）"表示运动轴控制，前一个参数表示轴号，后一个参数表示移动距离。

　　脚本无报错信息，运行项目，进入信号控制模式。在弹出的信号控制面板，激活"Open"信号，可以观察到气缸推杆伸出，"CloseState"信号指示未激活状态（橙色）。推杆伸出到位后，"OpenState"信号变为激活状态（绿色），如图 4.104 所示。注意，信号控制面板的位置取决于模型原点确定。

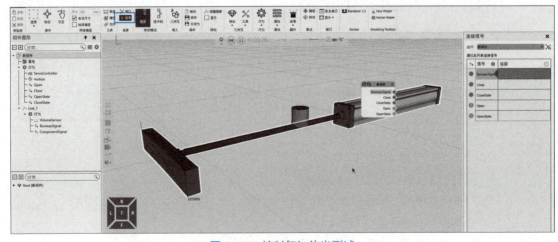

图 4.104　控制气缸伸出测试

　　再激活"Close"信号，可以观察到气缸推杆缩回，"OpenState"信号变为未激活状态

（橙色）；推杆缩回到位后，"CloseState"信号变为激活状态（绿色），如图 4.105 所示。

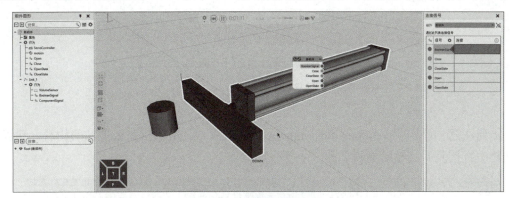

图 4.105　控制气缸缩回测试

6. 推料效果制作

上一步验证了信号和气缸动作，可以观察到推杆运动，但无法推动圆柱体物料，因此需要制作推料效果。

按前面设计的工艺流程，需要体积传感器检测物料，并附加到推杆上。所以，还要在"Link_1"中添加"ComponentContainer"（容器）行为，以及一个 Python 脚本，如图 4.106 所示。注意，需要关联布尔信号、组件信号与 Python 脚本。打开 Python 脚本，进入编辑页面，输入以下程序：

图 4.105 彩图

```
from vcScript import*


comp = getComponent( )
container = comp.findBehaviour('ComponentContainer')
bool = comp.findBehaviour('BooleanSignal')
signal = comp.findBehaviour('ComponentSignal')
OpenState = comp.findBehaviour('OpenState')
app = getApplication( )
p = app.findComponent('物料')


def OnSignal(signal):
  pass


def OnRun( ):
    global container,bool,signal,OpenState,app,p
    simu = getSimulation( )
    releaseNode = simu.World
    behaviours = releaseNode.Behaviours
    releasecontainer = behaviours [ 0 ]
```

```
while True:
    triggerCondition(lambda:bool.Value)
    container.grab(signal.Value)
    triggerCondition(lambda:OpenState.Value)
    releasecontainer.grab(p)
    delay(5)
```

需要注意，语句"p = app.findComponent ('物料')"用于指定被推动的物料，建议从属性栏中直接复制、粘贴物料名称，不要手动输入。

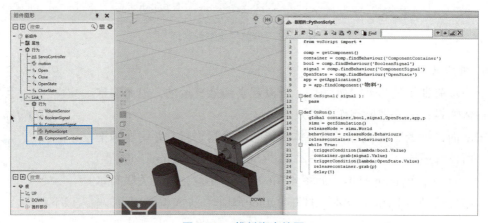

图 4.106　推料脚本编写

再次运行项目，进入信号控制模式，激活"Open"信号，可以观察到气缸推杆伸出，"CloseState"信号变为未激活状态（橙色）。当推块触碰到圆柱体物料时，与体积传感器关联的布尔信号（BooleanSignal）点亮，表示检测到物料。随后，圆柱体物料随推杆向前移动。推杆伸出到位后，"OpenState"信号变为激活状态（绿色），此时完成推出动作，如图 4.107 所示。

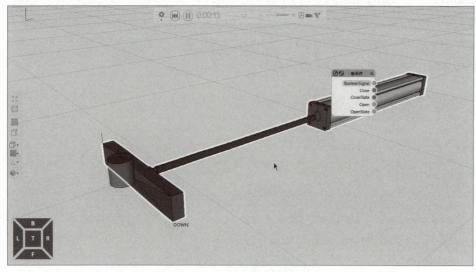

图 4.107　物料推动测试

再激活"Close"信号，可以观察到气缸推杆缩回，"OpenState"信号变为未激活状态（橙色）；圆柱体物料停留原地。同时，与体积传感器关联的布尔信号（BooleanSignal）转为未激活状态，至此完成了推料的全部动作。推杆缩回到位，"CloseState"信号变为激活状态（绿色），如图4.108所示。

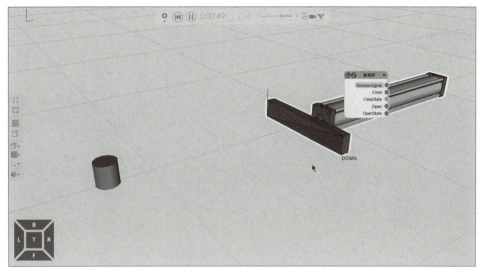

图 4.108　物体到位缩回

二、制作三轴机构取放物料

在非标设备开发中，小范围物料转移，常会运用三轴运载工具。三轴运动机构动作原理简单，控制方便。本节以三轴运动机构为例，介绍模型创建，实现物料抓取功能，运用脚本控制物料转运动作。

**三轴机构定义
第一部分**

使用快捷法导入几何模型，拖拽名为"三轴抓料工具.STEP"的模型至DTF软件操作区，完成模型导入，如图4.109所示。

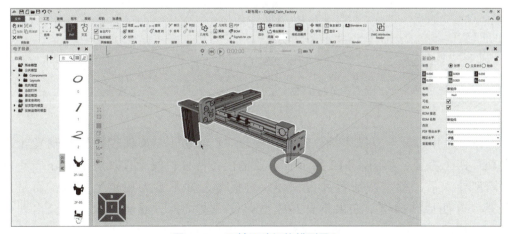

图 4.109　三轴运动机构模型导入

将模型调整至合适的观察视角，观察三轴运动机构模型，可发现其具备多个特征，如图 4.110 所示。为了方便后续操作，修改模型名称、特征执行原点、塌陷特征、合并特征等，结果如图 4.111 所示。前面内容已有详细介绍，故不再赘述。

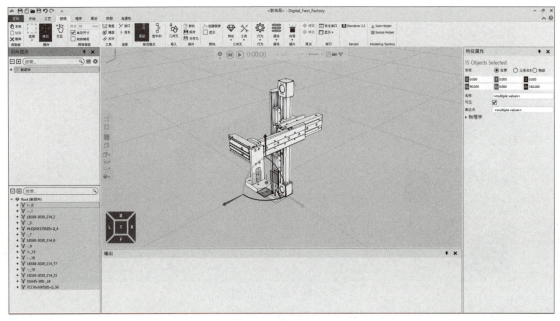

图 4.110　姿态调整

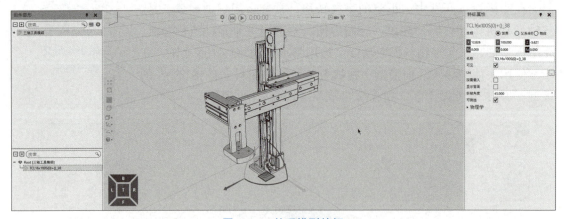

图 4.111　处理模型特征

下面，选用"分开"操作拆分模型，拆分"Z 轴电机""X 轴气缸""Y 轴气缸""基座导轨"四个特征，如图 4.112 所示。单独拖拽各特征，便于直观展示拆分结果。

模型导入后，模型特征合并为一体，再拆分，并不是无用重复操作，而是模型预处理，方便后续操作。如果不合并模型特征，直接拆分或者提取，则会出现各种问题。

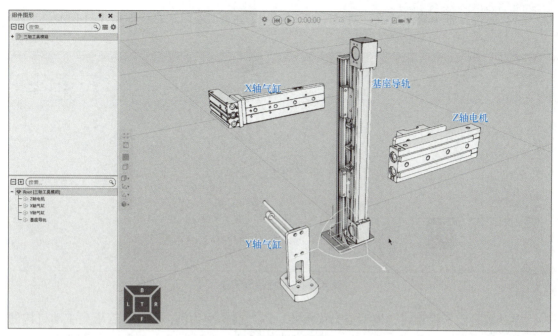

图 4.112　特征拆分

对于三轴工具模组，初始状态为气缸缩回、电机处于原点位。此时，模型中的"X轴气缸"处于伸出状态，所以需要调整。为了精确调整特征位置，使用测量功能确定偏移距离，如图 4.113 所示。

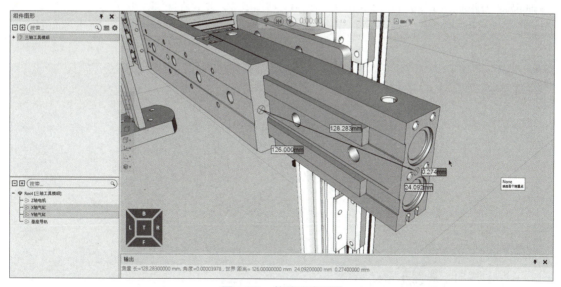

图 4.113　偏移距离测量

借助测量功能调整模型，常处理导入的模型，应熟练掌握。

确定偏移距离后，选中"X轴气缸"和"Y轴气缸"两个特征。根据测量结果，在右侧"特征属性"框中修改位置，使"X轴气缸"模型处于缩回状态，如图 4.114 所示。

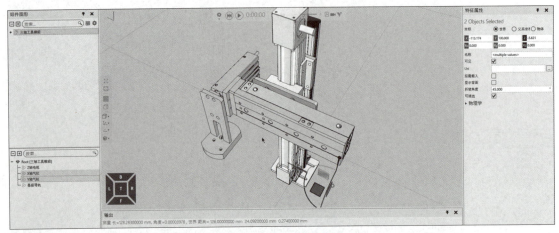

图 4.114　特征位置调整

在处理自定义模型时，模型姿态很重要。以当前模型为例，导入后若模型主动机构的运动方向与坐标系方向不一致，调整模型状态和后续运动属性设定都变得非常困难。

再次，所有特征执行"塌陷特征"操作，保持特征原点与模型原点统一，避免后续提取操作出现问题。

显然，各轴间存在运动关联，即"Y轴气缸"随着"X轴气缸"移动，"X轴气缸"随着"Z轴电机"移动。按照此运动关联关系，将"Z轴电机""X轴气缸""Y轴气缸"分别提取为链接"Link_1""Link_2""Link_3"，再设定它们的层级关系，如图 4.115 所示。

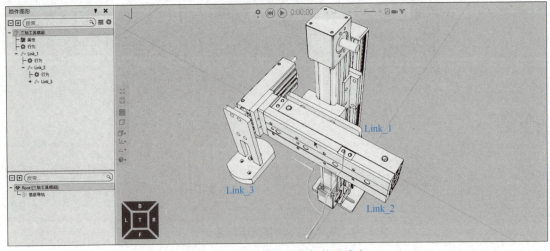

图 4.115　链接提取和层级关系设定

设定好链接和层级关系后，在模型"行为"根目录下添加"ServoController"（伺服控制器），再设定"Link_1"属性，修改运动方向、运动范围，如图4.116所示。

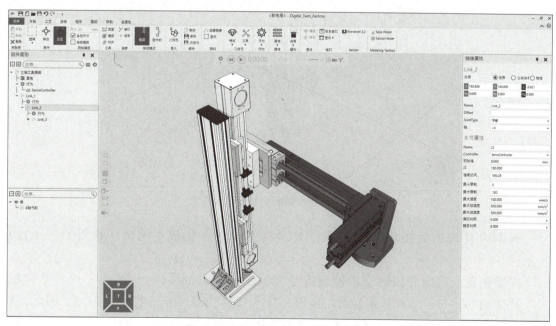

图 4.116　"Z 轴电机"运动属性设定

在实际设备中，运动轴的原点一般设置在靠近某一极限位置处。所以，同样采用这种方法，即设定运动范围的正负极限为不同值。

再按照同样方法，设定"Link_2""Link_3"属性，修改运动方向和运动范围，如图4.117、图4.118所示。

图 4.117　"X 轴气缸"运动属性设定

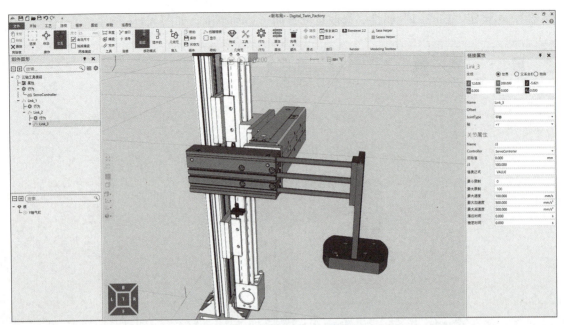

图 4.118　"Y 轴气缸"运动属性设定

注意，这里使用一个伺服控制器控制三个运动轴，每个轴都有对应名称。按照设定顺序，依次为"J1""J2""J3"，在编写脚本时需要根据此名称区分运动轴。

完成各轴运动属性设置后，针对 Y 轴气缸和 Z 轴电机，以及 Link_2 和 Link_3，添加对应信号与 Python 脚本，修改信号名称，与 Python 脚本关联，如图 4.119 所示。

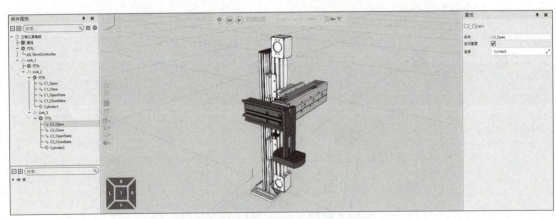

图 4.119　气缸控制信号和脚本添加

脚本内容与前面推料气缸类似，故不再赘述。完成脚本编辑，画面如图 4.120 所示。

需要注意，前面介绍运动轴控制指令 "servo.moveJoint（*，*）"，第一个参数"轴号"代表轴的序号，从 0 开始计数。所以，"J1""J2""J3"轴分别为 0、1、2。因此，X 轴的指令为"servo.moveJoint（1，*）"，Y 轴的指令为"servo.moveJoint（2，*）"。完成脚本编辑后，运行项目，进入信号控制模式，测试各轴运行方向和距离，判断是否正确，如图4.121所示。

图4.120　气缸控制脚本编写

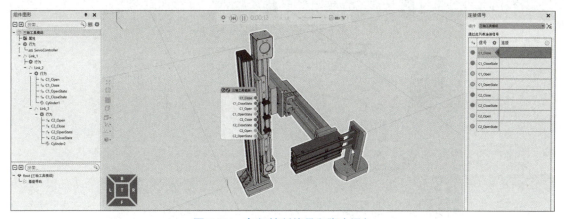

图4.121　气缸控制信号和脚本添加

工具模组具有抓取、释放物料功能，通过"向导"中"GraspAction"插件实现。而"GraspAction"插件在定义抓取功能时，用坐标框定义抓取基准点。为了区分抓取操作与其他行为，手动添加一个链接，用于确定"GraspAction"作用位置。

如图4.122所示，按照序号顺序，在抓取工具中心位置添加一个新链接"Link_4"。创建新链接后，单击"向导"中"GraspAction"选项，再设定依附对象"Link_4"，最后单击"Apply"按钮，如图4.123所示。再点开"Link_4"，可以观察到"GraspAction"的行为，如图4.124所示。

三轴机构定义
第二部分

现在开始验证三轴运动工具模组的可用性，在虚拟环境创建一个立方体，移动至三轴运动机构下方，测量其表面到三轴运动机构抓取点的距离，如图4.125所示。

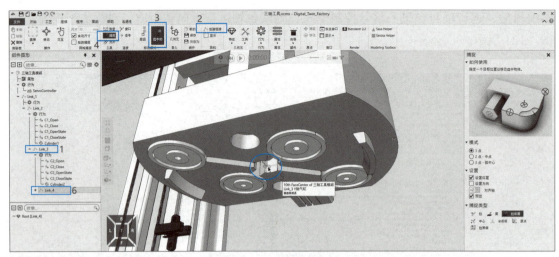

图 4.122　新链接添加

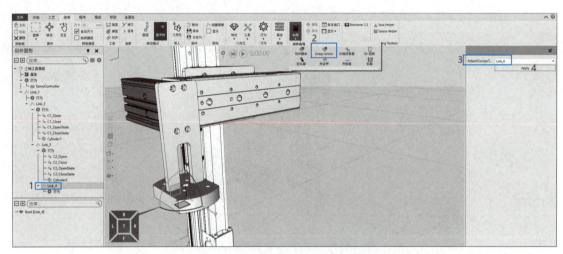

图 4.123　"GraspAction"向导功能

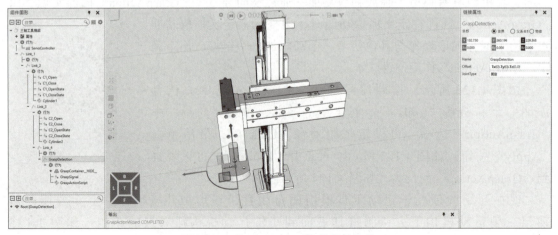

图 4.124　"GraspAction"包含的行为

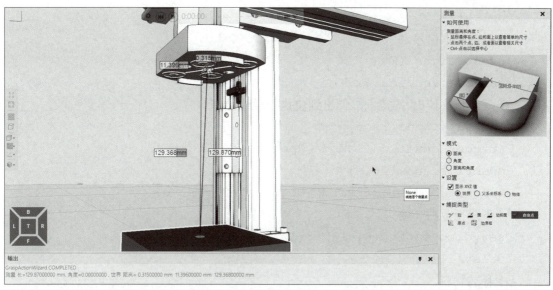

图 4.125 抓取距离测量

再添加一个 Python 脚本，输入以下代码。运用程序代码控制三轴运动机构各分轴运动，完成抓取、移动、释放物料作业。

```
from vcScript import*

comp = getComponent( )
servo = comp.findBehaviour('ServoController')
open01 = comp.findBehaviour('C1_Open')
close01 = comp.findBehaviour('C1_Close')
OpenState01 = comp.findBehaviour('C1_OpenState')

open02 = comp.findBehaviour('C2_Open')
close02 = comp.findBehaviour('C2_Close')
OpenState02 = comp.findBehaviour('C2_OpenState')
grasp = comp.findBehaviour('GraspSignal')

def OnSignal(signal):
  pass

def OnRun( ):
  # 延时 2s 后，工具下降至触碰产品高度
  delay(2)
  servo.moveJoint(0,-129.87)
```

```
delay(1)
# 激活抓取信号
grasp.signal(True)
servo.moveJoint(0,60)
# 气缸依次伸出,等待气缸伸出到位执行后续动作
open01.signal(True)
triggerCondition(lambda:OpenState01.Value)
open02.signal(True)
triggerCondition(lambda:OpenState02.Value)
# 下降至放料高度
servo.moveJoint(0,-129.87)
delay(1)
# 释放物料
grasp.signal(False)
servo.moveJoint(0,0)
# 气缸缩回
open01.signal(False)
open02.signal(False)
close01.signal(True)
close02.signal(True)
```

运行项目,可以观察到三轴运动机构自动运动,直至抓取面接触立方体上表面,如图 4.126 所示。

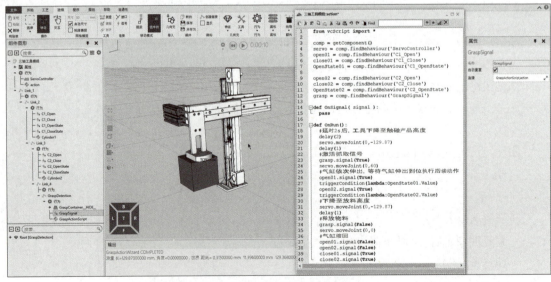

图 4.126 运动控制脚本编写

继续运行项目，三轴运动机构按照程序指令运动，最终搬运立方体到另外一个地方，如图 4.127 所示。若得不到此结果，或运行过程中出现报错信息，应检查脚本文件，排查错误，以及信号关联情况。

确认三轴运动工具模组正确无误，保存为一个独立文件，方便直接使用。

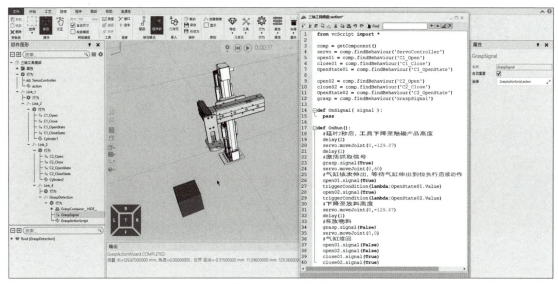

图 4.127　运行结果

章 节 练 习

1. 使用建模功能，分别创建箱体、圆柱体、圆锥特征，并设置属性参数，了解此项功能。

2. 自行搭建组件发生器，产生轮胎模型（电子目录中查找），并顺利输送至 PnP 连接的输送线上。

3. 使用建模功能，搭建一个指示灯，使用信号控制指示灯点亮和熄灭。

4. 导入一个气缸模型，处理模型，编写脚本，使用信号控制气缸。

5. 导入一个工具模组模型，处理模型，编写脚本，使用信号控制搬运物料。

第五章

Digital Twin Factory 机器人应用

第一节　机器人程序页面功能简介

💡 **学习目标：**

1）认识 DTF 软件程序页面。
2）了解 DTF 软件机器人模拟功能。
3）掌握程序界面各功能按钮。

在工业制造领域，工业机器人是一个重要作业装备，DTF 软件提供了工业机器人单独的功能页面，并配置了多种功能按钮，方便用户建立工业机器人工作站，开展工业机器人作业仿真研究。

单击菜单栏"程序"，进入机器人编辑页面，如图 5.1 所示。

图 5.1　"程序"页面菜单栏

其中，剪贴板、操作、网格捕捉、连接、窗口等功能与"开始"页面相同，不再赘述。接下来，按顺序介绍其余功能栏。

1. 工具

这里的"测量""捕捉""对齐"功能与之前相同。"更换机器人"可移植当前机器人程序和作业工具等参数到其他机器人。如图 5.2 所示，有两台机器人，左边为 ABB 机器人，已经安装了作业工具，并附带运动程序；右边为 FANUC 机器人，未安装作业工具，没有运动程序。

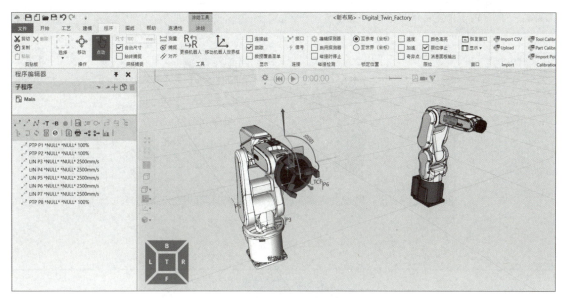

图 5.2　虚拟世界两台机器人

单击"更换机器人"，再选中右侧 ABB 机器人，机器人被选中后颜色发生改变，单击"应用"按钮，如图 5.3 所示。

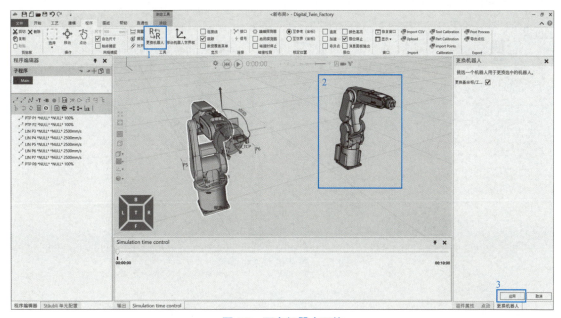

图 5.3　两台机器人互换

经过上述操作后，两台机器人自动替换，包括作业工具和运动程序等参数，如图 5.4 所示。

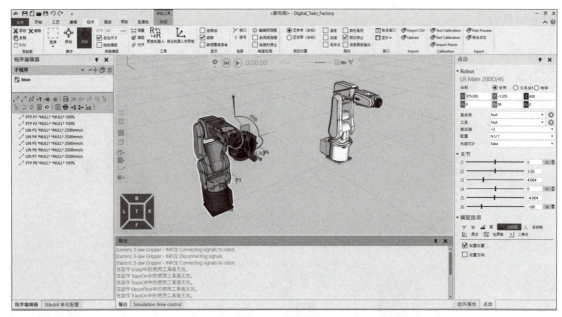

图 5.4　互换结果

"移动机器人世界框"可更改机器人虚拟世界坐标系，也称作基坐标系，该坐标系下要素的位置跟随虚拟世界坐标系移动，该功能不常用，其原理与用户坐标系相同。

如图 5.5 所示，沿 X 轴负方向移动机器人至虚拟世界坐标系，在当前虚拟世界坐标系下示教点的位置均发生相同距离和方向偏移。

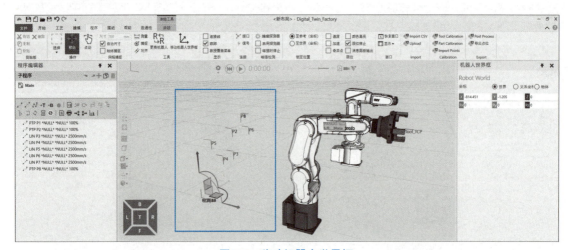

图 5.5　移动机器人世界框

2. 显示

"显示"栏包含"连接线""跟踪""教授覆盖菜单"三个选项，主要用于机器人运动轨迹显示与示教控制。

如图 5.6 所示，勾选"连接线"复选框之后，当前机器人程序的运动点位用一条线依次连接。此连线仅表示点位运动顺序，不代表机器人运行轨迹。如果需要观察机器人 TCP 点位控制模式的运行轨迹，需要勾选"跟踪"复选框，配合机器人信号功能，留下机器人运行的轨迹路线，如图 5.7 所示。勾选"教授覆盖菜单"复选框后，将在机器人 TCP 位置出现快速示教菜单选项，如图 5.6 所示。可在拖拽示教后，快速记录示教点的位置信息。

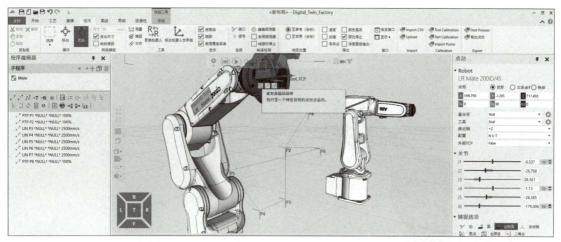

图 5.6　点位连接线

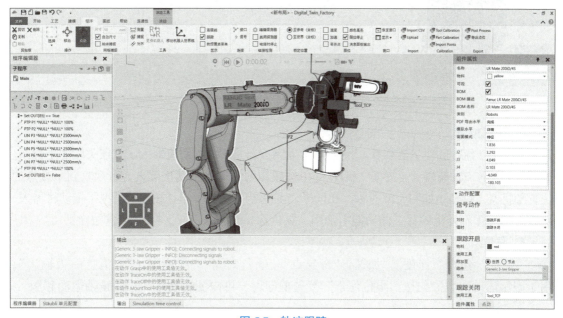

图 5.7　轨迹跟踪

3. 碰撞检测

"碰撞检测"包含"编辑探测器""启用探测器""碰撞时停止"三个选项。勾选"启用探测器"复选框，即可开启碰撞检测功能，系统自动检测机器人和作业工具与环境中其他部件碰撞情况；"编辑探测器"用于自行设定检测对象，如图 5.8 所示。上方的立方体不参与碰撞检测，即使与机器人发生碰撞，也没有高亮提示。下方立方体参与碰撞检测，在与机器人碰撞时，出现黄色高亮提示。"碰撞时停止"用于碰撞检测，暂停程序运行。

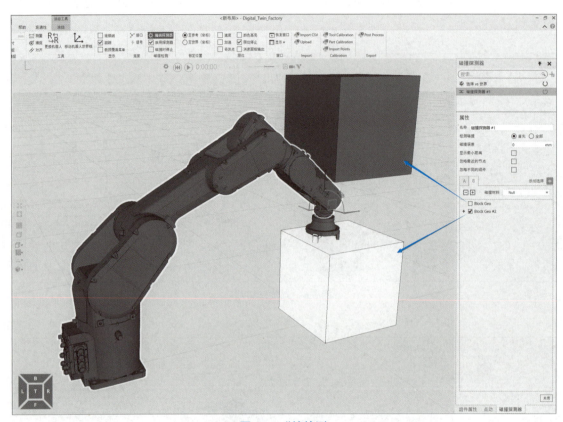

图 5.8　碰撞检测

4. 锁定位置

"锁定位置"包含"至参考（坐标）""至世界（坐标）"，指明机器人示教点关联的坐标系。如图 5.9 所示，在选择"至参考（坐标）"单选按钮的情况下拖动机器人，可观察到示教点的位置随机器人移动。如图 5.10 所示，在选择"至世界（坐标）"单选按钮的情况下拖动机器人，示教点的位置不发生偏移。此功能不常用，默认选择"至参考（坐标）"单选按钮即可。

5. 限位

"限位"包含"速度""加速""奇异点""颜色高亮""限位停止""消息面板输出"，用于限制运动参数。勾选"限位停止"复选框即可，可限制运动范围，防止轴运动超限。

6. Import

"Import"为自定义功能组件，用 Python 语言开发，包含"Import CSV""Upload"，主要用于机器人控制。"Import CSV"可以导出当前机器人点位为 CSV 格式文件，"Upload"可以导入外部机器人程序。

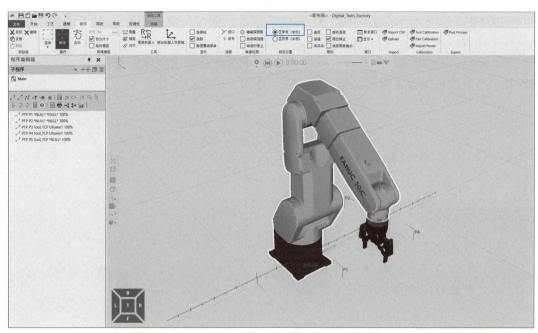

图 5.9　选择"至参考（坐标）"单选按钮

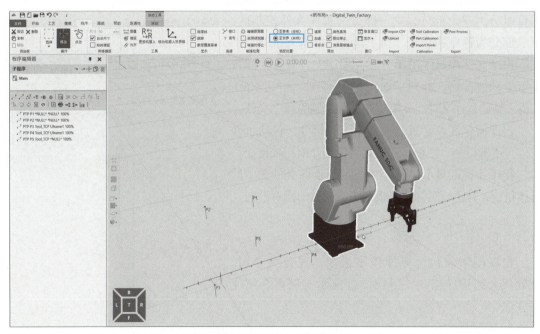

图 5.10　选择"至世界（坐标）"单选按钮

7. Calibration

"Calibration"为自定义功能组件，使用 Python 语言开发生成，包含"Tool Calibration" "Part Calibration" "Import Points"，主要用于机器人坐标系标定。"Tool Calibration"用于机器人工具坐标系标定，"Part Calibration"用于机器人工件坐标系（或称为用户坐标系）标定，

"Import Points"可以导入点位信息，与"Import"中"Import CSV"类似。

8. Export

"Export"为自定义功能组件，可用 Python 语言开发应用程序，包含"Post Process"，可以导出当前虚拟机器人程序，指定机器人系统对应的程序文件。

第二节　机器人编程指令简介

💡 **学习目标：**

1）掌握 DTF 软件机器人程序指令。
2）掌握 DTF 软件机器人示教点位。
3）掌握 DTF 软件机器人逻辑编程指令。

一、程序编辑器

DTF 页面程序编辑器如图 5.11 所示。程序编辑器可以分为三个部分，第一部分为程序文件控制区，第二部分为程序指令区，第三部分为程序编辑区。

程序文件控制区用于机器人程序文件管理，配置了五个功能按钮，分别是导入 XML 文件、导出 XML 文件、新建程序文件、复制程序文件、删除程序文件。

程序指令区包含机器人常用编程指令，包括示教点位、逻辑指令、注释等。后续将详细介绍相关指令。

程序编辑区显示机器人当前运行程序文件选中的具体指令，在运行时标识符指示当前运行的指令语句。

二、程序指令介绍

程序编辑器包含多种程序指令，现分类介绍。此处仅介绍程序指令，后续结合演示实例再介绍使用方法。

1. 运动指令

工业机器人运动指令通常分为轴运动（或称为点对点运动）、直线运动和圆弧运动。DTF 软件包含对应的运动指令，图标如图 5.12 所示。具体使用方法为：先在点动模式下拖动机器人 TCP，或直接更改机器

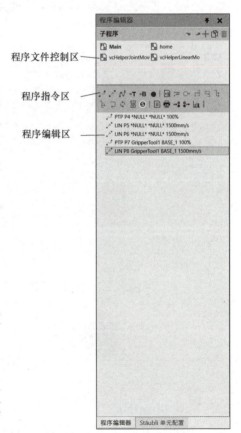

图 5.11　程序编辑器

人各运动轴参数，移动机器人至目标位置，再根据预设运动类型选择相应的运动指令。

2. 坐标系控制指令

图 5.13 所示为坐标系控制指令图标。右方向箭头加 T 表示工具坐标系控制指令，可以在机器人运行过程中更改工具坐标系位置；右方向箭头加 B 表示用户坐标系控制指令，该指令可以在机器人运行过程中更改用户坐标系位置。

图 5.12　运动指令图标

图 5.13　坐标系控制指令图标

3. 点位示教指令

图 5.14 所示为点位示教指令图标。该指令必须在选中运动指令的情况下才能使用，用于修改当前选中运动指令的目标位置。使用方法为：首先选中需修改的运动指令，在点动模式下拖动机器人 TCP，或直接更改机器人各运动轴参数，移动机器人至目标位置，最后单击点位示教指令，即完成该运动指令目标位置修改。

4. 逻辑控制指令

图 5.15 所示为逻辑控制指令图标，从左到右依次为子程序调用指令、变量赋值指令、While 循环语句、Break 语句、Continue 语句、If 语句、Switch 选择语句、Return 语句、程序同步语句、延时语句、Stop 语句。

图 5.14　点位示教指令图标

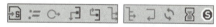

图 5.15　逻辑控制指令图标

子程序调用指令用于程序调用，多数工业机器人又称其为"Call 语句"。在运用变量赋值语句时，在程序文件中先创建变量，如图 5.16 所示。

While 循环语句、Break 语句、Continue 语句、If 语句、Switch 选择语句、Return 语句、延时语句，这些逻辑控制指令与工业机器人的相应指令使用方法类似。需要注意，DTF 软件的 Break 语句和 Continue 语句仅在 While 循环中使用。程序同步语句类似于信号交互，用于多个机器人之间任务顺序安排。运行至 Stop 语句，项目暂停仿真，该语句常用于程序调试。

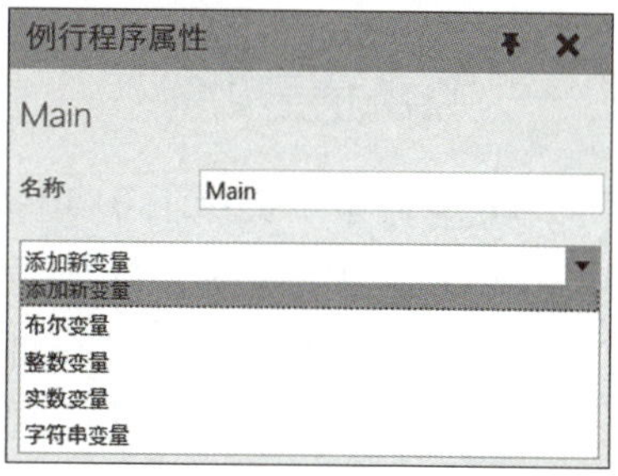

图 5.16　程序变量支持类型

5. 辅助指令

图 5.17 所示为辅助指令图标，依次为注释和打印消息。辅助指令用于编写结构清晰的程序，提高程序可读性。

6. 信号控制指令

图 5.18 所示为信号控制指令图标，依次为"等待输入信号"和"控制信号输出"。其中，"等待输入信号"中"等待触发"选项勾选时表示仅当信号变化时才判定为输入有效。

7. 统计指令

图 5.19 所示为统计指令图标，用于运行过程中各种数据统计，统计支持的数据类型如

图 5.20 所示。

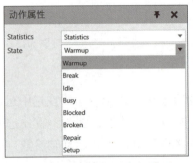

图 5.17 辅助指令图标　　　　图 5.18 信号控制指令图标　　　　图 5.19 统计指令图标

图 5.20 统计支持的数据类型

第三节　机器人工作信号编辑

💡 **学习目标：**

1）了解 DTF 机器人信号作用。
2）掌握 DTF 机器人系统信号控制方法。
3）体会 DTF 机器人信号在工作站设计中的作用。

一、系统信号功能

DTF 编辑系统提供了 0~4096，一共 4097 个信号。其中，前 100 个信号被系统功能占用，信号功能说明如图 5.21 所示。

1~16 为工具控制信号，当此信号与工具绑定，即可通过信号通断控制工具抓取和释放。17~32 为轨迹显示控制，当轨迹显示控制信号接通时，显示 TCP 轨迹线，不同信号颜色不同。33~48 用于作业工具安装和拆卸控制。49~64 与 17~32 功能类似。

图 5.21 信号功能说明

81 记录机器人运行的空间轨迹，显示机器人运行覆盖的空间，形成一个包络体，常用于碰撞预测，如图 5.22 所示。

二、系统信号配置

上文提到，系统信号在使用前需要配置。

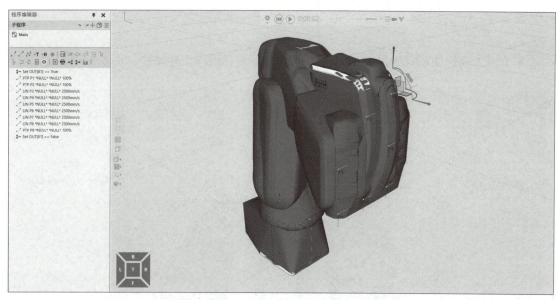

图 5.22　信号 81 开启

在 DTF 软件中添加一台机器人，并安装合适的作业工具。选中机器人，单击右下角"组件属性"，在"动作配置"中选择输出信号 1，设置信号为 True（对）、False（错）的逻辑分别表示抓取和释放。在"使用工具"栏，选择当前工具坐标系 Tool_TCP，即完成了配置，如图 5.23 所示。

物体释放时，重力方向表示附加重力的指向。

当机器人 1 号输出点产生输出控制时，可以激活夹爪的抓取功能；取消输出控制，释放抓取的物体。

系统其他信号使用方法同上，不再赘述。

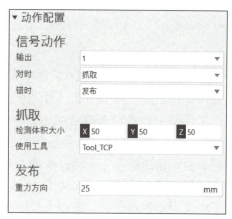

图 5.23　抓取信号配置

第四节　机器人拆码垛工作站应用案例

💡 学习目标：

1）掌握 DTF 机器人程序指令。

2）掌握 DTF 机器人示教点位。

3）掌握 DTF 机器人逻辑编程指令。

一、案例演示

本节以工业应用场景为例，搭建一个机器人拆垛、码垛工作站，如图 5.24 所示。

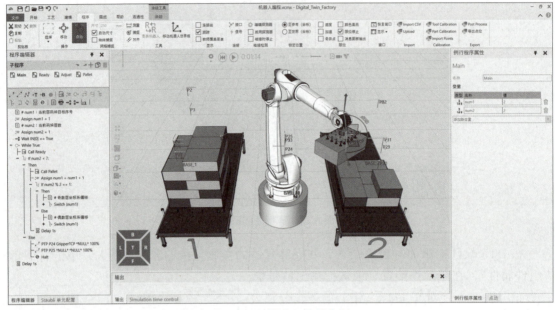

图 5.24　机器人工作站案例

借助此工作站，进入 DTF 程序页面，规划机器人路径，编辑机器人点位，控制机器人程序运行，修改程序变量，调试仿真系统等。

工作站中包含两条输送线、一台工业机器人、吸盘等辅具。工艺流程包括：启动运行，1 号输送线上产品和 2 号输送线上托盘从输送线起点向终点运动；当触碰到输送线上传感器时，输送线停止运动；机器人收到拆垛信号，执行拆垛搬运动作；拆垛结束后，输送线恢复运动，准备下一次动作。

机器人动作顺序为：搬运 1 号输送线托盘中的产品至 2 号输送线托盘，并按 1 号输送线托盘相同顺序摆放，即产品模型蓝色面始终朝外，模拟产品表面粘贴标签的位置。

在机器人工作站中，通过逻辑指令、坐标系控制指令、程序调用等完成上述动作设定。

二、编程详解

打开"机器人编程 .VCMX"项目文件，搭建好上述机器人工作站，且满足前置条件。项目启动后，1 号输送线上的产品和 2 号输送线上托盘，从输送线起点向终点运动。当触碰到输送线上传感器时，输送线停止运动。

首先，启动项目运行，当输送线上托盘运行到指定位置时，暂停运行，如图 5.25 所示。

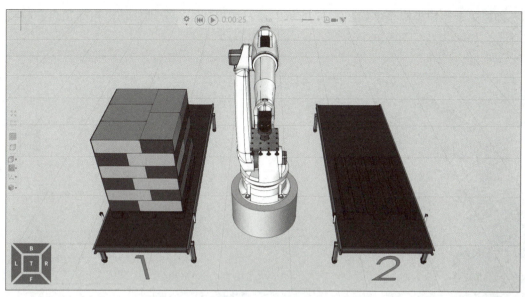

图 5.25　编程状态

按照本章第三节介绍的信号配置方法，选择一个信号，配置为当前吸盘的控制信号，如图 5.26 所示。

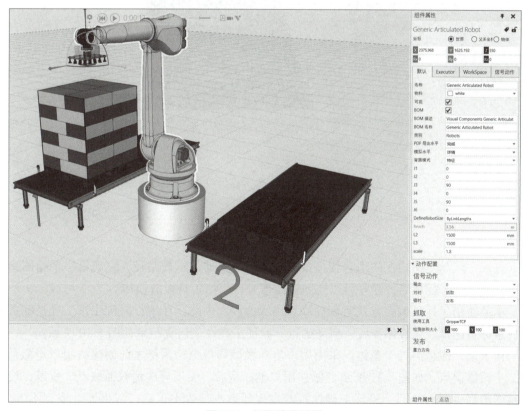

图 5.26　抓取信号配置

创建两个用户坐标系，如图 5.27 所示，通过捕捉功能，分别移动至箱体顶点和收料托盘顶点，如图 5.28、图 5.29 所示。

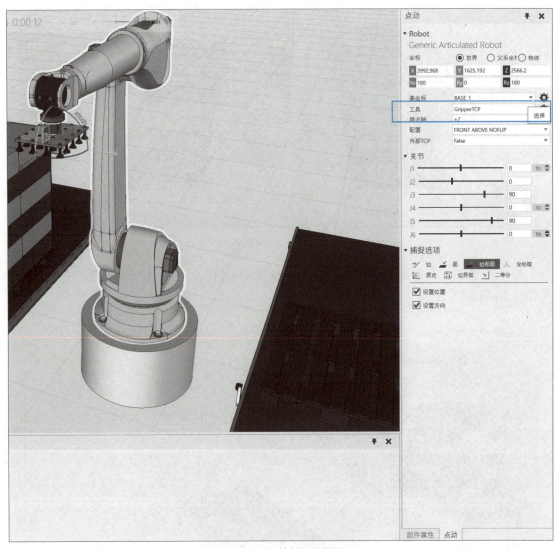

图 5.27　用户坐标系创建

进入"点动"模式，使用直接拖拽方式，规划机器人示教路径，完成第一个箱体搬运操作。完成信号配置后，程序可以控制输出信号，模拟工具抓取箱体。

本节使用坐标系偏移方式实现拆垛和码垛编程。因此，在编程时应注意工具坐标系和用户坐标系选择。完成编程后，启动运行，验证正确性，仿真结果如图 5.30 所示。

接下来，搬运第二个箱体。采用用户坐标系偏移指令，偏移之前创建的用户坐标系至第二个箱体顶点，如图 5.31 所示。偏移用户坐标系后，无须再次示教抓取点。所以，设定偏移参数后，运行项目，验证正确性。若发现抓取点位置不正确，或机器人姿态不恰当，需修改坐标系偏移指令参数，直至抓取位置符合要求。

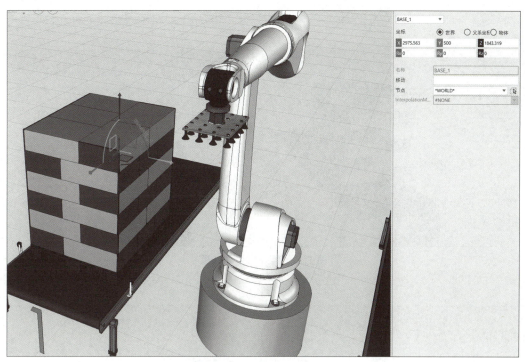

图 5.28　用户坐标系 1 位置调整

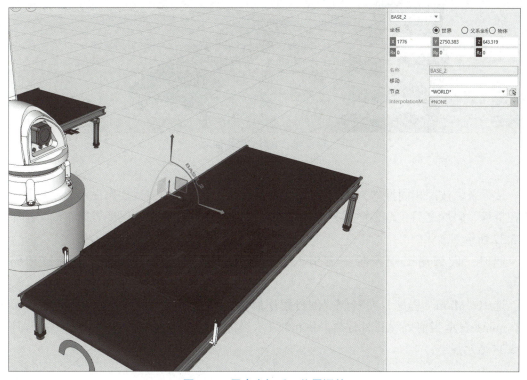

图 5.29　用户坐标系 2 位置调整

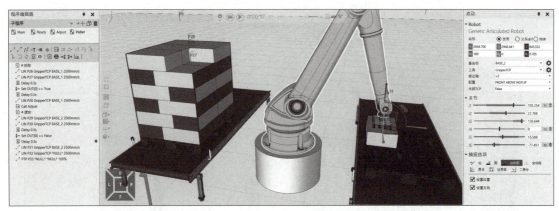

图 5.30 第一个箱体搬运

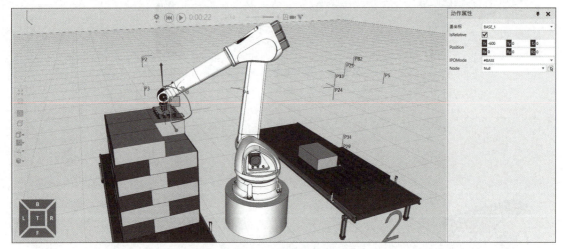

图 5.31 用户坐标系偏移

接下来，按照相同操作方法，完成第一层剩下三个箱体的搬运动作设定。注意每个箱体在拆垛、码垛之后，蓝色面对外。所以，需设定合理的过渡点，保证姿态正确，结果如图 5.32 所示。

此时，设置第二层码垛。需引入逻辑控制，自动记录和判断当前层数和码垛序号。

选中"Main"程序，在右侧"例行程序属性"中添加两个变量：num1 和 num2。其中，num1 表示当前码垛目标序号，num2 表示当前码垛层数，如图 5.33 所示。主程序如图 5.34 所示。

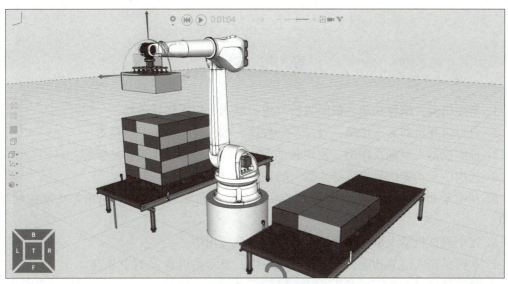

图 5.32　第一层搬运

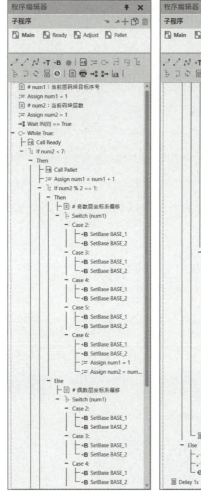

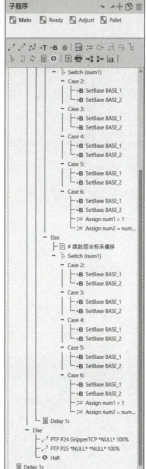

图 5.33　程序变量添加　　　　　　　　图 5.34　主程序

章 节 练 习

1. 掌握机器人编程功能，按照教程完成机器人码垛工作站编程。

2. 自行搭建机器人工作站，设计一个程序，如焊接、搬运、喷涂等。

3. 理解机器人坐标系作用，使用其他方法完成机器人码垛工作站编程。

4. 选用信号功能，要求机器人运行时记录 TCP 轨迹。

5. 从电子目录中选择一个机器人工具，安装到机器人末端，利用信号功能控制工具动作。

6. 逐个测试机器人编程指令，了解功能，掌握用法。

7. 掌握机器人信号功能，在自定义项目中，显示出机器人 TCP 轨迹。

第六章

Digital Twin Factory 数字孪生应用

第一节　连通性功能配置

💡 **学习目标：**

1）了解连通性功能。

2）掌握连通性开启方法。

3）了解连通性支持对象。

一、连通性页面

单击"连通性"，切换至"连通性"页面，如图6.1所示。

如果发现功能切换区域没有"连通性"，则说明没有开启此功能，需要通过"文件"→"选项"→"附加"选择启用"连通性"功能，如图6.2所示。开启后，重启即可出现此页面。第二章第二节已经介绍了此操作，建议第一次使用软件时，开启所有附加功能。

"连通性"是DTF实现数字孪生的重要功能。在前面建模中，虚拟设备已经赋予了与物理设备相同的运动属性，即实现了虚拟仿真功能。借助DTF软件"连通性"功能，可以关联虚拟设备与对应的物理设备。当物理设备动作时，虚拟设备收到同样的信号，将出现同样动作，即"以实控虚"。另外，在虚拟环境中搭建现实中未开发的设备，使用程序控制，可以在设备研发阶段验证设计的正确性等。

二、连通性支持类型

在"连通性"页面左侧"连通性配置"中，显示DTF支持的通信连接对象，可参照

图 6.1 所示。当前版本共支持七类连接对象：第一类为倍福逻辑控制器，该连接对象需物理硬件支持；第二类为 FANUC 机器人控制系统；第三类支持 OPC UA 通信协议服务器；第四类支持西门子 S7 协议设备；第五类支持西门子 SIMIT 仿真平台；第六类支持 UR 机器人；第七类支持 WinMOD 仿真软件。

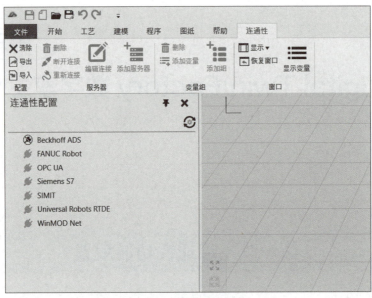

图 6.1 "连通性"页面

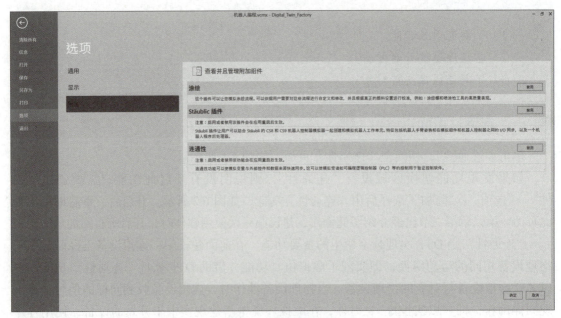

图 6.2 附加功能开启

除第一类连接对象需要物理硬件支持外，其他连接对象可以是物理设备，也可以是虚拟设备。

第二节　服务器对象连接

学习目标：

1）掌握 DTF 连接 FANUC 机器人的方法。

2）掌握 DTF 连接西门子 PLC 的方法。

3）掌握 DTF 连接 OPC UA 服务器的方法。

本节以 FANUC 机器人、西门子 PLC、OPC UA 服务器为例，介绍 DTF 连通性使用方法。其他几类连接方法与此类似，可自行尝试。

一、FANUC 机器人连接

在左侧"连通性配置"栏中，选中"FANUC Robot"，再单击上方菜单栏中"添加服务器"项，如图 6.3 所示。通过 FANUC 机器人仿真软件（RoboGuide）创建了一个虚拟的 FANUC 机器人工作站。如图 6.4 所示，在右侧"编辑连接"中，可以看到已经检测到一个机器人控制器，单击"测试连接"按钮，则会出现"连接成功"弹窗。如果连接物理机器人，则有可能无法自动检测到机器人。那么，需要在下方直接输入机器人 IP 地址，再测试。

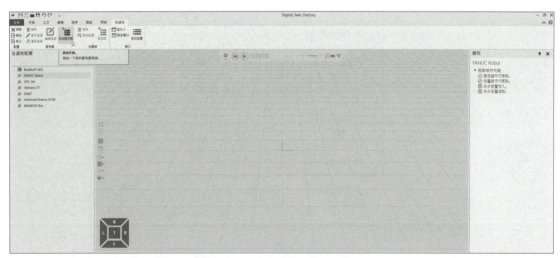

图 6.3　FANUC 机器人连接对象添加

需要注意，出现"连接成功"弹窗，仅代表检测到 FANUC 机器人或 IP 地址指定的 FANUC 机器人，并不代表已经连接。

所以，在连接测试成功之后，首先关闭弹窗，再单击右下角"应用"按钮，接着在左侧"连通性配置"中"FANUC Robot"连接对象一栏，单击服务器右侧的圆形连接图标，如图 6.5 所示。当圆形连接图标指示由灰色变为绿色，则代表 FANUC 物理机器人连接成功，即完成了 DTF 软件与 FANUC 物理机器人的连接操作。

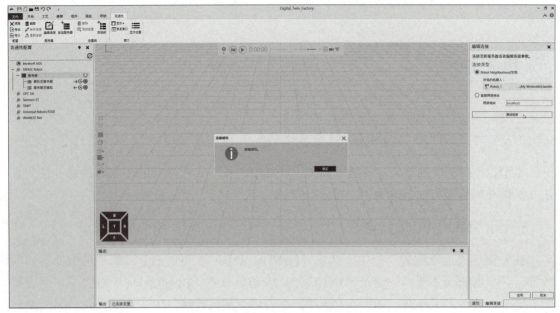

图 6.4　连接测试

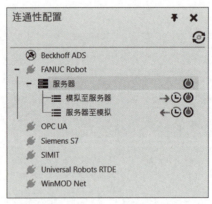

图 6.5　FANUC 机器人连接

二、西门子 PLC 连接

西门子 PLC 连接与 FANUC 机器人连接操作类似。首先，选中"Siemens S7"，单击"添加服务器"，在右侧"编辑连接"中，输入目标 PLC 的 IP 地址、机架号和插槽号，如图 6.6 所示。

单击"测试连接"按钮，测试连接成功后，需要单击右下角的"应用"按钮保存设置，通过单击服务器右侧的连接图标完成连接。

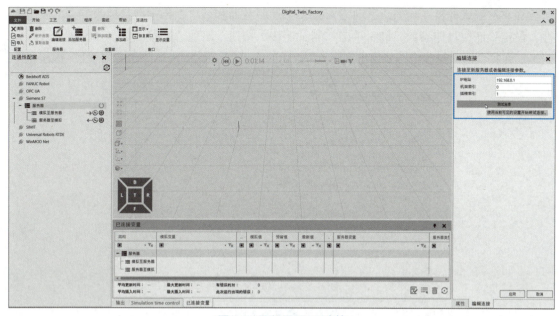

图 6.6 西门子 PLC 连接

如果连接测试时，出现"连接失败"弹窗，需检查输入参数的正确性、物理 PLC 连接的有效性，以及计算机 IP 地址和 PLC 的 IP 地址是否在同一网段。

三、OPC UA 服务器连接

OPC UA 服务器连接操作与前述方法类似，首先选中"OPC UA"，单击"添加服务器"。如果当前网段已有 OPC UA 服务器，则系统可自动检测，如图 6.7 所示。

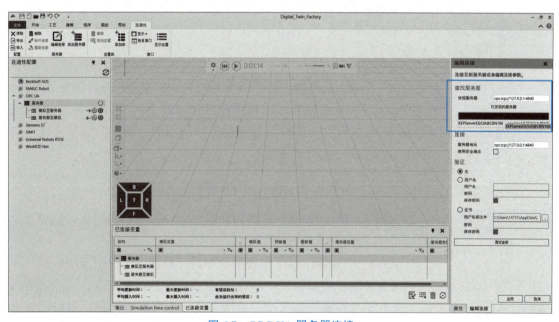

图 6.7 OPC UA 服务器连接

在"发现服务器"项中,手动输入 OPC UA 服务器和端口,再根据目标服务器的安全属性,设定验证栏具体参数。最后单击"测试连接"按钮,出现"连接成功"弹窗则代表设定正确。在整个连接过程中,如果出现图 6.8 所示的证书信任提示弹窗,单击"信任"按钮。

图 6.8　信任连接验证

第三节　信号对应连接

学习目标:

1）掌握服务器数据交互类型。
2）掌握数据连接方法。
3）掌握数据类型。

在第二节中,已经介绍了 FANUC 机器人、西门子 PLC、OPC UA 服务器的连接方法,本节读取 FANUC 机器人、西门子 PLC 以及 OPC UA 服务器内数据,介绍 DTF 虚拟设备信号与服务器信号的连接方法。在信号连接过程中,注意数据类型的匹配。

DTF 连接 FANUC
机器人

一、FANUC 机器人运动轴数据读取

根据第二节的介绍,FANUC 机器人连接需在 DTF 软件添加对应型号的机器人,如图 6.9 所示。

左侧"服务器"栏下出现两个项目,分别为"模拟至服务器"和"服务器至模拟"。"模拟至服务器"表示信号由 DTF 虚拟设备传送至服务器,可以理解为虚拟设备的输出信号;"服务器至模拟"表示信号从服务器传送至虚拟设备,可以理解为虚拟设备的输入信号。

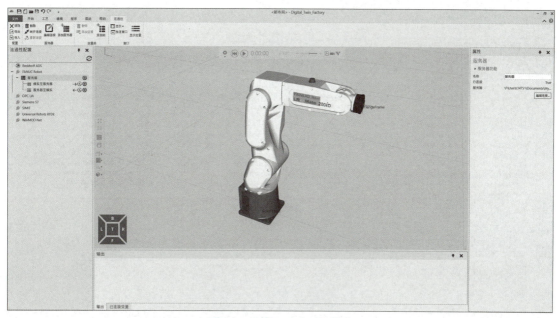

图 6.9　连接 FANUC 机器人

所以，如果使用外部信号控制 DTF 虚拟设备，则应在"服务器至模拟"栏中添加相应的信号。如果向服务器反馈虚拟设备状态，则应在"模拟至服务器"栏中添加相应的信号。

这里，计划读取外部 FANUC 机器人数据，并同步至 DTF 虚拟的 FANUC 机器人中。所以，需要添加机器人运动轴的数据信号至"服务器至模拟"一栏。

首先，选中"服务器至模拟"，右击，在弹出的快捷菜单中选择"添加变量"，如图 6.10 所示。

此时，将出现新的弹窗——"创建变量对"对话框。

窗口上部分左侧为虚拟设备的属性和信号，右侧为从服务器读取的信号。首先，勾选左侧除"仅选中组件"以外的复选框。接着，在当前机器人"行为"一栏中，找到运动轴的数据并选中。在右侧服务器数据中，找到"当前位置"→"运动组 1"→"结合处 1"，并选中。当变量被选中时，指示蓝色条状，确认左右窗口选中的变量。最后，单击"选中对"按钮，对话框下方出现配对的变量，如图 6.11 所示。

如图 6.12 所示，完成运动轴数据配对后，DTF 虚拟机器人的各轴数据已经与 FANUC 机器人轴数据匹配。

图 6.10　"服务器至模拟"变量添加

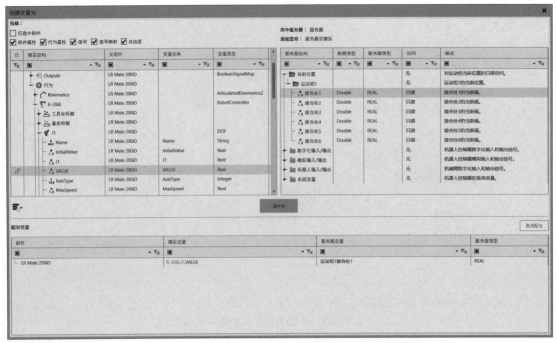

图 6.11　信号及变量配对

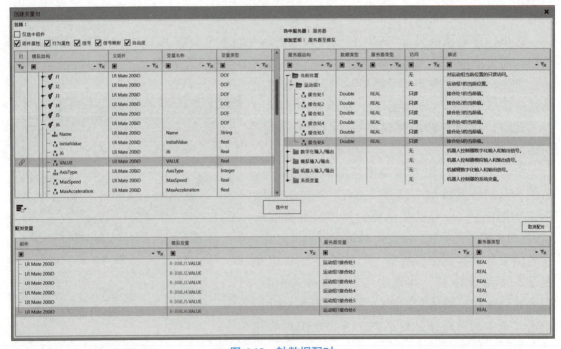

图 6.12　轴数据配对

控制 FANUC 机器人移动时，DTF 虚拟机器人也执行相应动作，变量表显示当前变量的值，如图 6.13 所示。

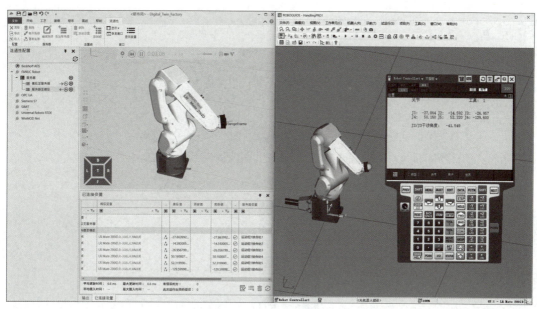

图 6.13　动作同步显示

二、西门子 PLC 中变量读取

接下来，介绍西门子 PLC 变量的读取方法。与 FANUC 机器人运动轴数据的读取方法不同，PLC 变量读取需要导入变量表。在 DTF 软件中，先连接目标 PLC，再单击右侧"文件中加载 PLC 符号"按钮，选择已创建的变量表，最后导入，如图 6.14 所示。导入 PLC 变量表后，可以关联操作变量。添加变量后的最终结果如图 6.15 所示。

读取西门子
PLC 中变量

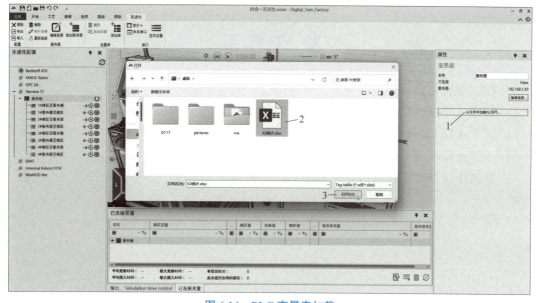

图 6.14　PLC 变量表加载

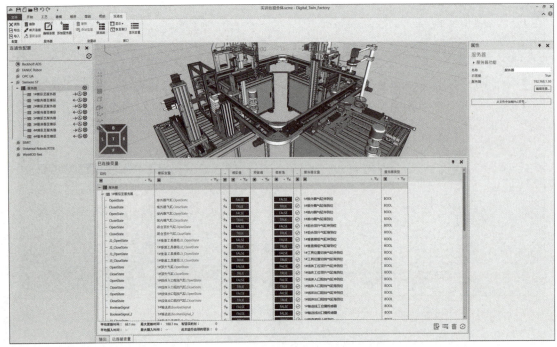

图 6.15　PLC 变量配对

DTF 读取 OPC UA 服务器变量

三、OPC UA 服务器变量读取

OPC UA 服务器变量读取操作，与 FANUC 机器人运动轴数据读取操作类似，都是在连接目标服务器之后添加变量，故不再赘述，读者可自行尝试。

章 节 练 习

1. DTF 软件支持哪些连接对象？
2. 添加"模拟至服务器"和"服务器至模拟"分别是什么含义？有什么区别？
3. 尝试连接 FANUC 机器人，实现虚实同步。
4. 尝试连接西门子 PLC，使用程序控制一个三色灯点亮和熄灭。
5. 尝试连接 OPC UA 服务器，借助 OPC UA 服务器中转，使用 PLC 控制一个气缸。

第七章

Digital Twin Factory 典型应用案例

第一节　工业控制综合实训平台数字孪生开发

💡 **学习目标：**

1）了解复杂模型处理方法。

2）掌握电动机轴数据处理方法。

3）掌握连通性使用方法。

4）掌握虚拟环境外部控制方法。

5）掌握数字孪生系统构造方法。

以滚动轴承自动装配工序为实例，设计原材料出库、灌珠合套、分珠、成品入库等工作站。采用环形输送线，搭建一条滚动轴承自动装配线。四个工作站独立设计，可独自运行，也可四站联调。利用 DTF 软件，构造数字孪生系统，与环形装配线实体设备连接通信，实现数字孪生仿真，适用高等院校工业机器人、电气、机械、自动化等相关专业学员实训。

一、模型导入及初步处理

打开 DTF 软件，导入几何元，如图 7.1 所示。选择"智能制造数字孪生实训台模型 .STEP"文件，导入 DTF 模型。模型导入时间取决于计算机性能，结果如图 7.2 所示。

当发现几何模型姿态倒置，不方便操作时，控制几何模型绕 X 轴或 Y 轴转动 180°，即可调节为正常姿态。再按住鼠标右键转动视角，确认几何模型是否符合要求。

灌珠合套模块
模型导入

切换至"建模"页面，选择多余模型，按〈Delete〉键删除多余模型。调整后的模型如图 7.3 所示。

为了方便后续操作，减少误操作，先拆分四个工作站模型，并分别保存。

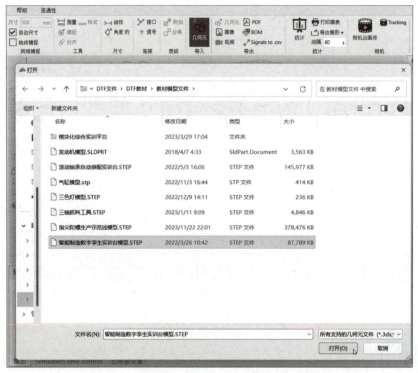

图 7.1　导入模型

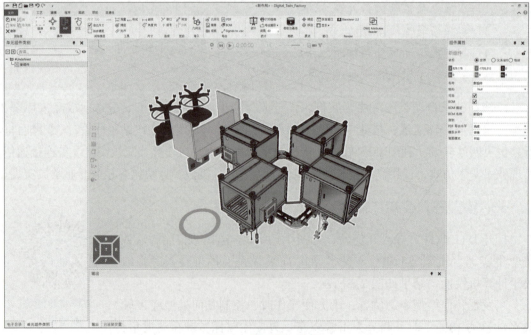

图 7.2　模型导入结果

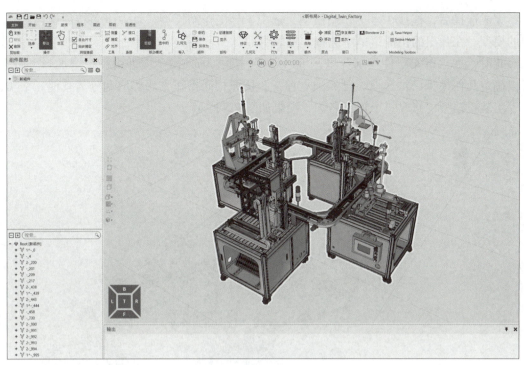

图 7.3　姿态调整后的模型

首先，在左下角特征树中选择全部对象，选择第一个工作站模型，拖拽至空白处，观察是否有漏选，如图 7.4 所示。几何模型若有漏选，先撤销移动（〈Ctrl+Z〉组合键），再按住〈Ctrl〉键，选择剩余的几何模型，建议多个视角观察。选择的几何模型更加全面，有些几何模型有无不影响仿真，可以删除。有些几何模型隐藏在其他几何模型后，取消勾选"可见"后，对剩余几何模型继续操作。

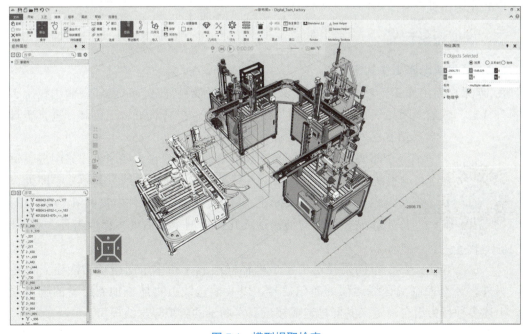

图 7.4　模型提取检查

完成选择后，拖拽1号工作站模型，选中1号工作站模型。在左下角特征树，右击选中的模型，在弹出的快捷菜单中选择"提取组件"。

此时，在"单元组件类别"里，可以观察到虚拟场景模型文件由一个增加到了两个，可以确定几何模型已被提取，已经独立存在。按照相同操作方法提取和分离其他三个实训台、工装板模型，修改每个模型名称，结果如图7.5所示。

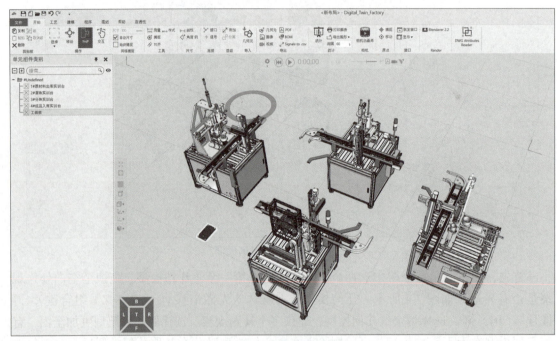

图7.5　模型提取结果

该部分操作可以参考第四章相关内容。

二、虚拟设备定义

1. 1# 原材料出库工作站定义

在1#原材料出库工作站中，需要定义的设备包括推料气缸、三色灯、输送线、工装板顶升气缸、输送线阻挡气缸、垂直工具模组等。其中，推料气缸、三色灯、垂直工具模组在第四章已详细讲解，不再赘述。

输送线模组定义

需要注意，智能制造数字孪生应用平台由四个工作站组成，每个工作站输送线相同。所以，只需定义一条输送线，其他复制即可。

（1）输送线定义操作　首先，在DTF软件中仅保留1#原材料出库工作站模型，拖拽输送线几何模型至空白处，提取组件，如图7.6所示。

单向路径是由多个坐标框组成，利用单向路径功能建立输送路径。另外，还有控制输送线运停的布尔信号，以及输送线上物体添加到路径的脚本程序等。上述多种行为组合、定义共同构建成接近真实场景的虚拟输送线模型。

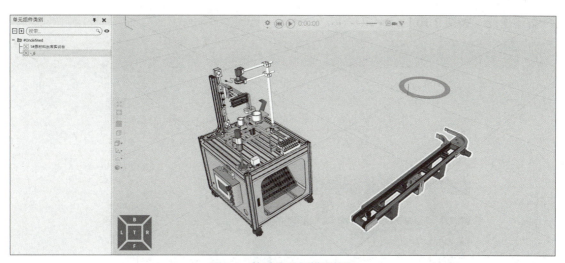

图7.6　输送线几何模型提取

先添加输送线的起点（入点 in）和终点（出点 out）的两个坐标框，起点坐标框修改至输送线入口中点位置，再修改终点坐标框位置。工装板在输送线上存在转弯部分，需注意方向变化，如图7.7所示。

图7.7　输送线路径坐标框添加

继续添加过渡坐标框，保证工装板过转弯时动作平滑，接近实际效果。方向和位置大致调整后，根据仿真效果继续微调，坐标框位置如图7.8所示。

接下来，添加单向路径，表示输送线运行方向，再按次序选择刚才添加的坐标框，添加一个布尔信号，与单向路径关联，即可用于控制输送线启停，如图7.9所示。

添加两个"OneToOneInterface"（一对一接口），方便后面多个输送线之间PnP连接使用。添加后再修改其属性参数，连接两条输送线PnP，工装板才能从一条输送线移至另一条输送线，如图 7.10 所示。

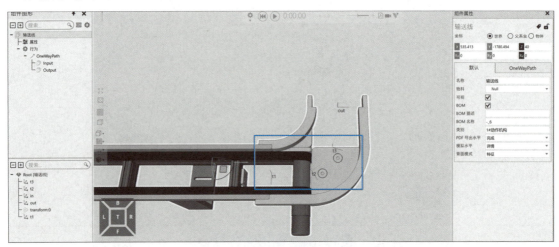

图 7.8　转弯路径坐标框位置

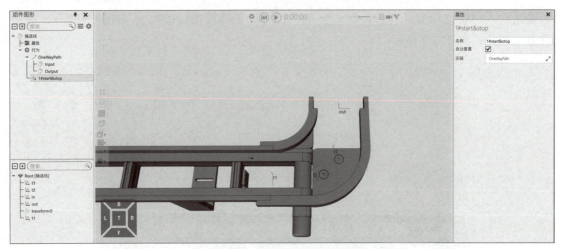

图 7.9　单向路径信号关联

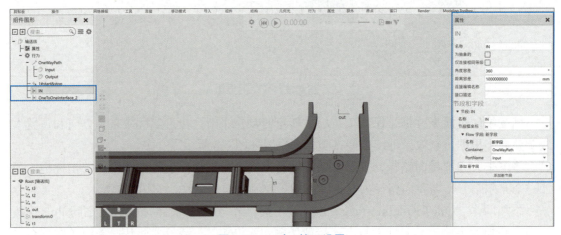

图 7.10　一对一接口设置

再添加一个 Python 脚本，工装板作为移动对象，添加到输送线路径中。使用工装板名称查找该模型，再用 grab 指令添加至单向路径里，脚本程序如下：

```
from vcScript import*
comp = getComponent( )
app = getApplication( )
way = comp.findBehaviour('OneWayPath')
bool = comp.findBehaviour('1#start&stop')
# 获取虚拟世界中的工装板
b = app.findComponent('工装板')
# 主程序
def OnRun( ):
# 在虚拟世界中创建一个容器,用于捕获工装板,使其从路径中脱离
sim = getSimulation( )
releaseNode = sim.World
behaviours = releaseNode.Behaviours
releasecontainer = behaviours [ 0 ]
while True：
# 输送线启动,将工装板添加至输送线路径
triggerCondition(lambda:bool.Value)
way.grab(b)
# 输送线停止,工装板从路径中移除
triggerCondition(lambda:bool.Value == False)
releasecontainer.grab(b)
delay(0.1)
```

接下来运行项目，检测正确性。首先，工装板位于输送线起点处，再接通输送线信号，可发现工装板在输送线上移动。

如果发现工装板无法移动或移动姿态不正确，应根据报错信息排查错误，并检查脚本程序、路径参数设置以及工装板名称和脚本中名称的一致性等。

检测无误后，复制该输送线，得到剩余三个工作站模型，再连接四个工作站，组成环形输送线，如图 7.11 所示。

再次测试，可以观察到工装板在环形输送线上移动，当工装板运行至第四条输送线末端时，消失不见。此时，需要在环形输送线上添加"OneToManyInterface"（一对多接口），并设置参数，如图 7.12 所示。完成操作后再次测试，可以观察到工装板沿环形输送线持续移动，不会消失，且可以通过信号控制工装板启动、停止，即模拟工装板在输送线上实际运行状态。

（2）顶升气缸定义操作　输送线顶升气缸定义操作分为两部分：第一部分定义气缸伸

出、缩回动作，第二部分模拟气缸顶起、放下工装板的过程。

关于第一部分气缸动作定义，在第四章已详细讲解，不再赘述。

针对第二部分模拟气缸顶起和工装板放下动作，采用与制作垂直工具模组相似的方法，即利用抓取向导（Grasp Action）赋予气缸具备抓取属性。

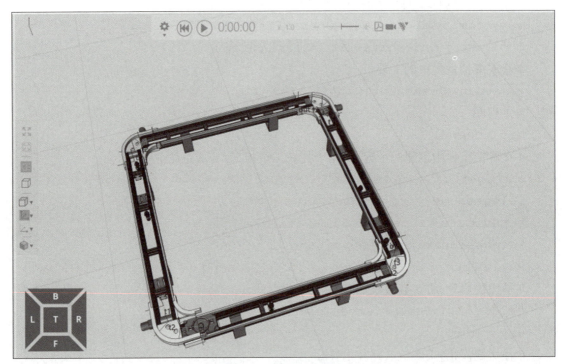

图 7.11　组成环形输送线

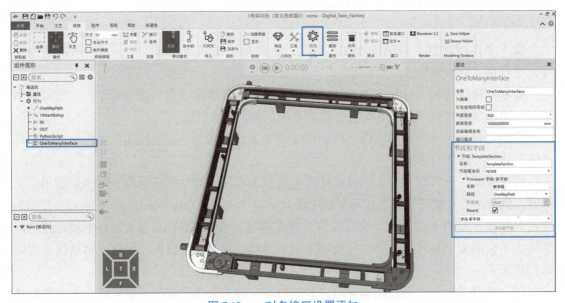

图 7.12　一对多接口设置添加

当气缸向上伸出，触碰到工装板时，激活抓取信号，令其抓取工装板，再继续向上运动，即可模拟气缸顶起工装板的动作。当气缸缩回至工装板，触碰到输送线时，取消抓取信号，令工装板脱离气缸，即模拟顶升气缸放下工装板的过程。

也可以借助体积传感器捕获工装板，模拟顶升效果，但此方法较为复杂，感兴趣的读者可自行尝试，请参考第四章推料气缸动作设定操作。

按照设想的思路，拆分顶升气缸几何模型，提取链接，定义运动属性，添加信号，编辑脚本等操作后，最终结果如图 7.13 所示。

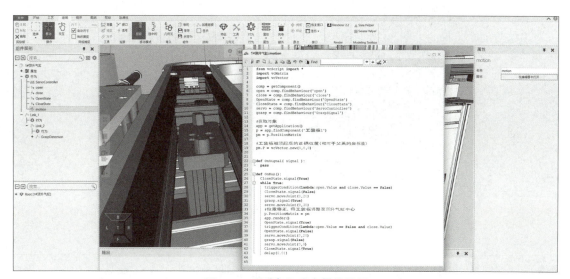

图 7.13 顶升气缸定义最终结果

完成上述操作后，可运行和测试项目，测试无误后可复制该顶升气缸模型，粘贴至其他实训台输送线。

2. 2# 灌珠合套工作站定义

在 2# 灌珠合套工作站中，需要定义的设备有灌珠合套机构，其他机构可从 1# 原材料出库工作站复制，或参照其模型定义。

灌珠合套机构共有六个气缸，气缸的定义操作不再赘述。

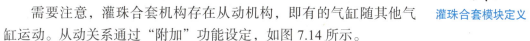

灌珠合套模块定义

需要注意，灌珠合套机构存在从动机构，即有的气缸随其他气缸运动。从动关系通过"附加"功能设定，如图 7.14 所示。

另外，灌珠合套机构涉及原材料加工过程，该机构灌入七个钢珠至轴承内外圈。由于钢珠动作定义较复杂，仿真不反映钢珠滚动，可在加工结束后直接使用灌珠合套成品替换未加工产品，模拟产品加工的工艺过程。

轴承装配工艺需要工装板、轴承等模型。拖放工装板至待测试位置，再拖放轴承内外圈至工装板上。然后，测量工装板与垂直工具电磁铁间的距离，调整 2 号工作台位置，与输送线保持正确安装位置，如图 7.15 所示。

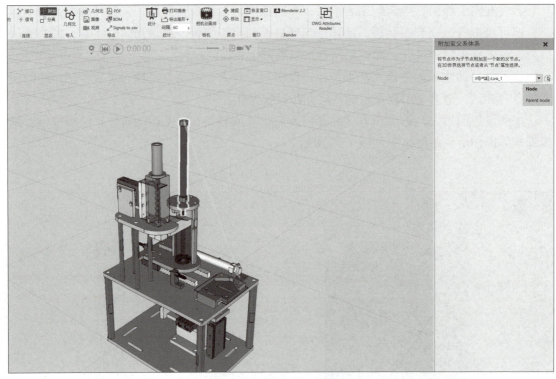

图 7.14　气缸附加关系设定

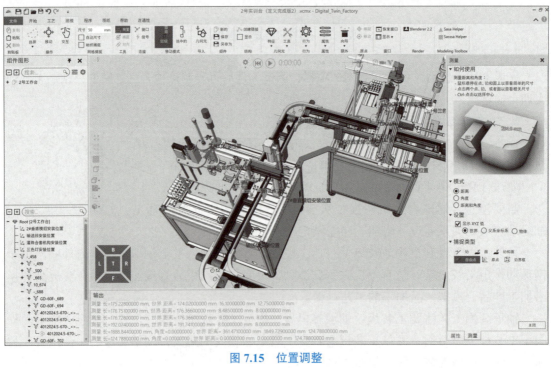

图 7.15　位置调整

修改垂直工具模组抓取属性参数（DetectionVolumeSize、GravityDirection、MultiGrasp、ReleaseToWorld），先测试能否同时抓取轴承内外圈。修改抓取属性参数，直至垂直工具模组能同时抓取轴承内外圈，如图 7.16 所示。

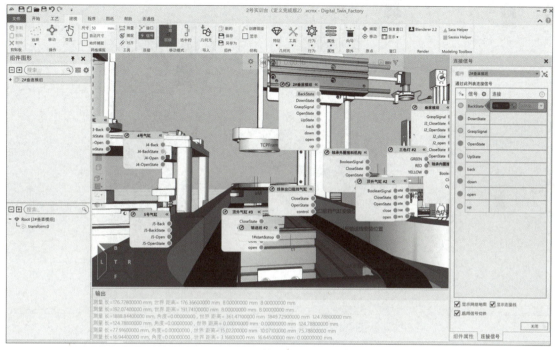

图 7.16　轴承内外圈抓取

工具模组的 grasp 信号相当于电磁铁的控制信号。利用电磁铁控制信号状态，结合加工完成信号，判定工具模组纵轴运动距离。

根据当前轴承几何模型位置，调整灌珠合套机构位置，并在坐标框内标记最终位置，方便后续操作，如图 7.17 所示。

在电子目录中搜索 Works Process，并拖拽至虚拟场景，替换产品模型。同时，拖拽组件控制器，修改组件尺寸，选择合适尺寸，拖放至刚才标记的轴承摆放位置，如图 7.18 所示。

另外，还需要单独提取组件所在位置的几何模型，否则会干扰后续摆放效果。

测试时，轴承内外圈几何模型摆放至指定位置后，可以发现几何模型向一个方向移动，最终消失不见。其原因在于，Works Process 组件存在单向路径行为，需调节路径终点坐标框与起点坐标框重合，得到轴承内外圈几何模型摆放至指定位置后立即消失的效果，如图 7.19 所示。

再次测试，观察到几何模型直接消失。随后实施第二步操作，在组件中创建任务，在摆放位置生成一个轴承内外圈几何模型。具体步骤为：先单击"Works Process"整体，选择"Task"下拉栏中的"SensorConveyor"，单击"CreateTask"按钮；再选择"Task"下拉栏中的"Create"，复制"轴承内外圈组合体"名字至"ListOfProdID"栏，单击"CreateTask"按钮；最后选择"Task"下拉栏中的"Delay"，在"DelayTime"栏输入"1"，再单击"CreateTask"按钮。操作状态如图 7.20 所示。

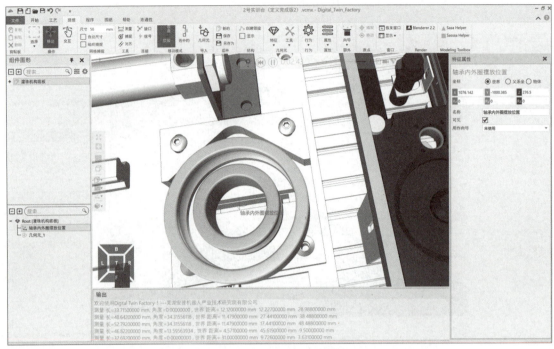

图 7.17　轴承内外圈摆放位置标记

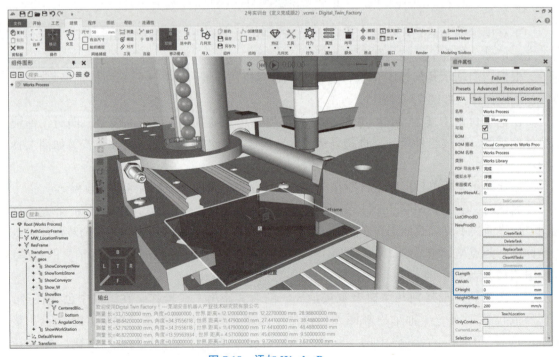

图 7.18　添加 Works Process

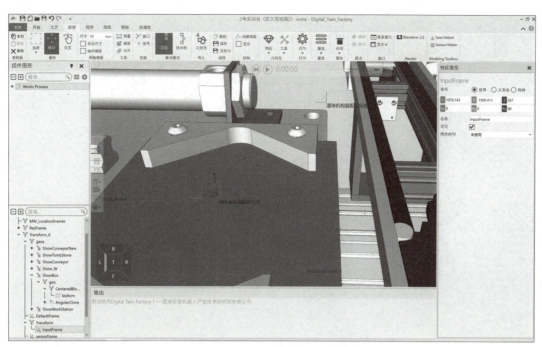

图 7.19　**Works Process** 坐标框调节

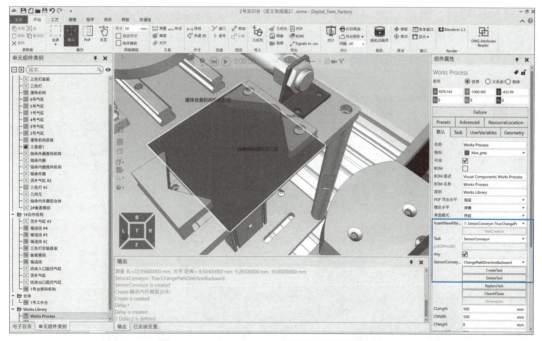

图 7.20　**Works Process** 模型任务添加和创建

因需要在几何模型消失后再创建几何模型，所以在"Works Process"组件中添加触发控制信号。单击"Works Process"整体，添加布尔信号，更名为"StartCreate"，先不做任何关联，如图 7.21 所示。

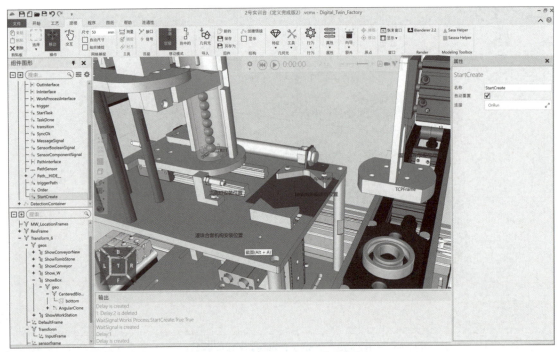

图 7.21　Works Process 信号添加

添加信号后，继续定义 Works Process，加入 WaitSignal，按照图 7.22 修改定义。完成定义后继续测试，当模型消失后，可观察到出发信号被激活，在原位置出现一个同样的几何模型，即模拟摆放到位的效果。

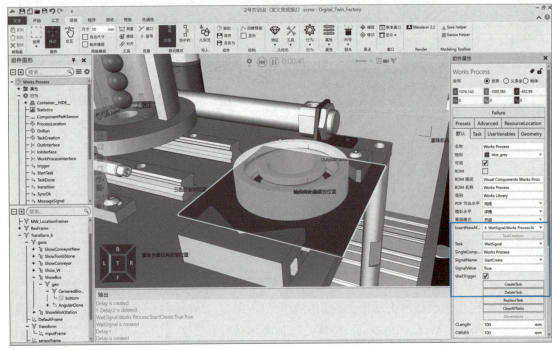

图 7.22　Works Process 模拟产品摆放 1

测试无误后，在工具模组纵轴运动脚本添加一个信号，用于自动激活上述出发信号。

添加一个加工完成指示信号，触发创建一个完成灌珠的轴承模型。继续定义 Works Process，加入 WaitSignal，按照图 7.23 修改定义。

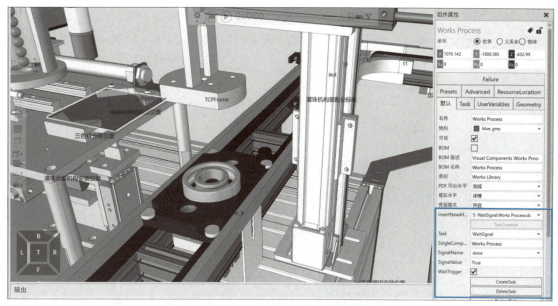

图 7.23　Works Process 模拟产品摆放 2

编辑任务，需要先移除组件上的模型，再重新创建。拖入灌珠结束的轴承模型至虚拟场景。继续定义 Works Process，加入 Create，复制"灌珠后轴承"至"ListOfProdID"栏，单击"CreateTask"按钮，按照图 7.24 修改定义。

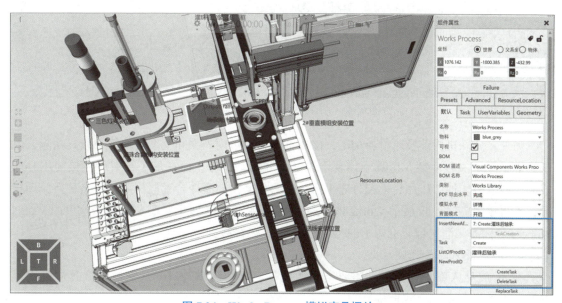

图 7.24　Works Process 模拟产品摆放 3

测试加工完成信号激活的正确性，判断 Works Process 组件能否创建对应的模型。测试无误后，修改 Works Process 组件颜色，呈透明玻璃状，期望模型更加自然。最后，在工具模组纵轴运动脚本中，添加加工完成指示信号，并优化程序结构。

3. 3# 分珠工作站定义

分珠模块
模型处理

在 3# 分珠工作站中，需要定义的设备为分珠机构，其他机构可从 1# 原材料出库工作站或 2# 灌珠合套工作站复制，或参照其模型定义，如图 7.25 所示。分珠机构共有四个气缸，气缸定义操作不再赘述。

分珠机构同样存在从动机构，即有的气缸随其他气缸运动。从动关系运用"附加"功能设定。

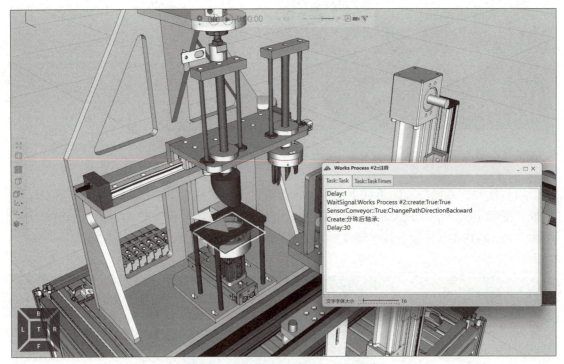

图 7.25　分珠机构 Works Process 任务

另外，分珠机构涉及原材料加工，该机构执行轴承内外圈间七个钢珠等距分离功能。由于钢珠运动定义较复杂，仿真不体现钢珠滚动或滑动动作，可在加工结束后直接使用分珠成品模型替换未加工产品，模拟分珠工序。此部分操作与灌珠合套机构部分产品替换原理相同，不再重复叙述，仅展示 Works Process 任务，如图 7.25 所示。需要注意，这里的 Works Process 名称需与灌珠合套机构中的 Works Process 名称区分。

4. 4# 成品入库工作站定义

在 4# 成品入库工作站中，需要定义的设备包括料盒举升机、入库模组，其他机构可参照工作站模型定义，或直接复制。

分珠模块效果
定义第一部分　　分珠模块效果
定义第二部分　　入库模组
模型处理　　举升机定义　　入库机构定义

料盒举升机包含一个气缸和一个步进电动机，气缸定义不再赘述。料盒举升机需要承载六个料盒，承载料盒一同移动，该效果利用"附加"功能设置。最下方料盒附加到举升机托盘上，再依次附加上方料盒。最终，所有料盒都可以随举升机托盘移动，并且不影响入库模组取走料盒，如图 7.26 所示。

在数字孪生系统中，虚拟设备运动轴的位置数据源于 PLC 数据。下面，重点讲解虚实数据换算。在定义举升机模型中，假设负方向行程为 a，正方向行程为 b。接下来，在实际设备中，需要记载举升机运行至上下极限位置时 PLC 保存的数值。假设 PLC 保存的负方向行程为 m，正方向行程为 n。那么，可求出实际轴与虚拟轴数据的对应关系 k 为

$$k = \frac{m+n}{a+b}$$

表示 PLC 读取的实际轴数据，需要除以系数 k 才可以得到虚拟轴的位置。计算出 k 之后，需要修改属性的"值表达式"，以及"最小限制（负方向行程）""最大限制（正方向行程）"等参数。"值表达式"修改为 VALUE/k，"最小限制（负方向行程）"修改为 m/k，"最大限制（正方向行程）"修改为 n/k。

如图 7.26 所示，完成料盒举升机属性设定。经过上述操作，已经完成了虚拟和物理空间的换算。读取 PLC 运动轴物理数据后，经过换算控制虚拟设备——料盒举升机，运行

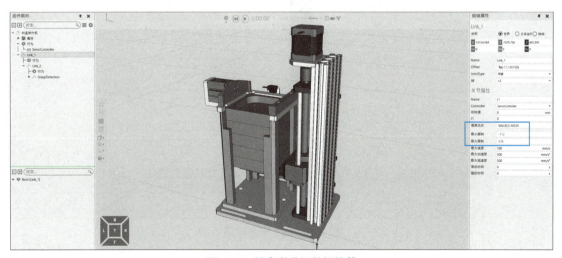

图 7.26　料盒举升机数据换算

到换算结果所示的位置，虚拟状态与物理空间符合。

入库模组中包含一个气缸和两个步进电动机。气缸用于转运料盒，需要利用"抓取"功能模拟，即气缸抓取料盒才能携带料盒移动，入库后释放料盒。所以，此功能需借助"Grasp Action"（抓取向导）。具体操作与前文使用"Grasp Action"（抓取向导）的方法类似。

实训台数字孪生
效果演示

实训台数字
孪生调试

两个步进电动机的位置数据同样来自PLC，也需要换算。具体方法与料盒举升机轴位置数据换算方法相同。

三、实现数字孪生

完成设备全部定义后，按照设备布局，调整虚拟设备至物理设备布局状态，在连通性中添加西门子PLC服务器，加载变量，关联信号和变量，如图7.27所示。同时启动数字孪生项目和物理设备，即可实现虚实同步联动。

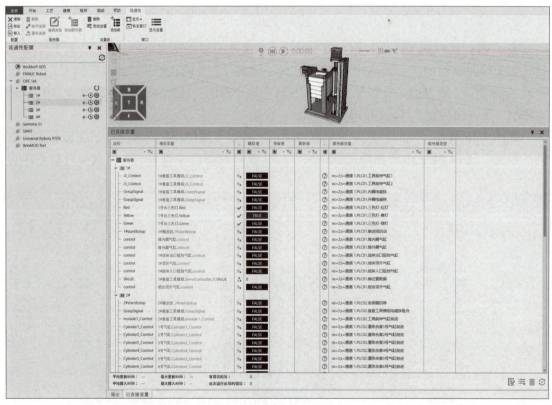

图7.27　数字孪生过程

第二节　指尖陀螺智能制造柔性产线数字孪生开发

学习目标：

1）了解复杂模型处理方法。
2）掌握 AGV 运行模拟方法。
3）掌握复杂输送线自定义方法。
4）掌握数字孪生系统构建方法。

基于数字孪生指尖陀螺智能制造示范线，抽取指尖陀螺装配工艺，设计模块化装配工作站。运用 DTF 数字孪生工厂软件、PLC、三维建模软件等工具，实现智能制造线与数字孪生镜像。

一、模型导入及初步处理

打开 DTF 软件后，导入几何元，选择"智能制造数字孪生实训台模型 .STEP"文件导入 DTF 软件，模型导入时间取决于计算机性能，结果如图 7.28 所示。

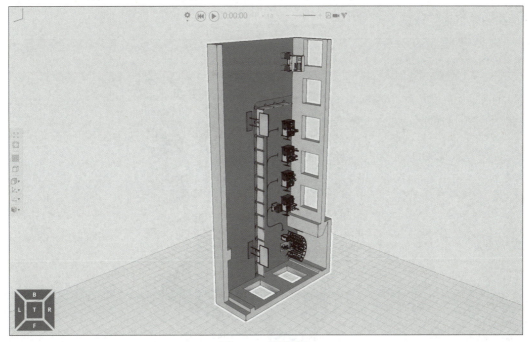

图 7.28　模型导入

导入几何模型后，发现几何模型姿态不合理，不方便操作。控制模型绕 X 轴转动 90°，即可调节为正常姿态，如图 7.29 所示。

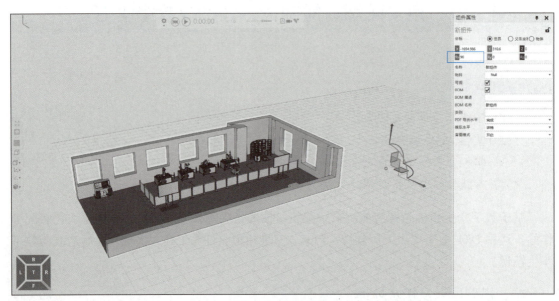

图 7.29　模型调整

针对较复杂产线数字孪生系统的开发，建议独立开发每台设备，保存为独立的项目文件，如图 7.30~ 图 7.35 所示。全部设备开发完成后，再集成独立的项目文件为一个整体项目，完成整条生产线数字孪生开发。

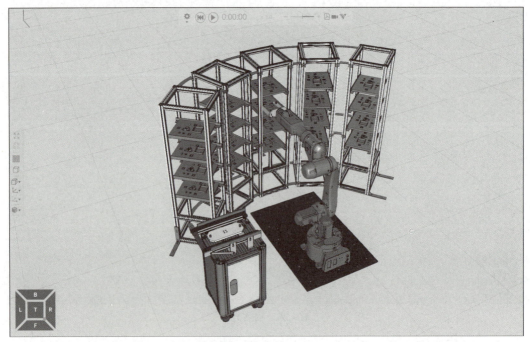

图 7.30　立体仓库

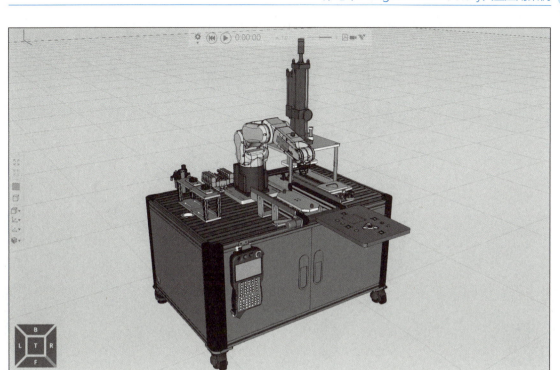

图 7.31 铆压工作站

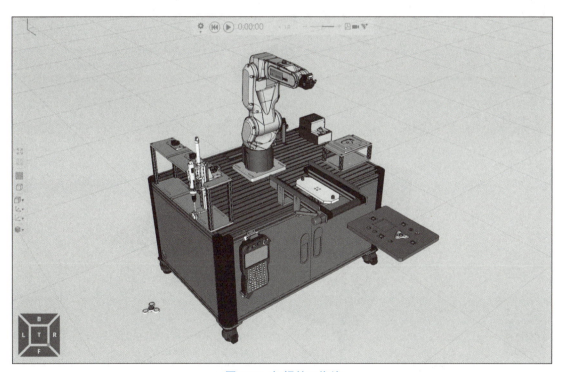

图 7.32 打螺丝工作站

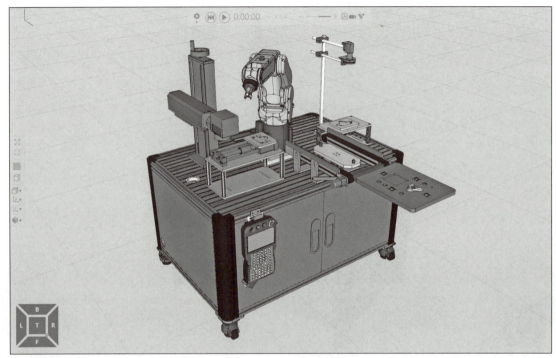

图 7.33　激光打标工作站

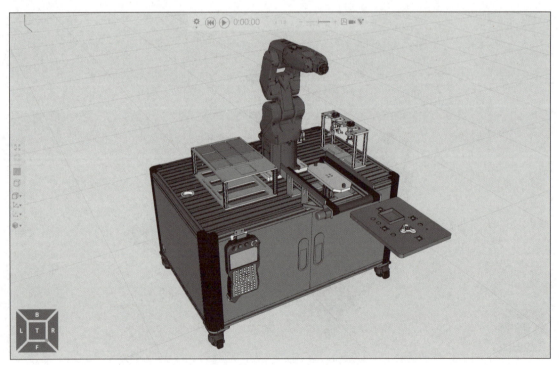

图 7.34　成品装盒工作站

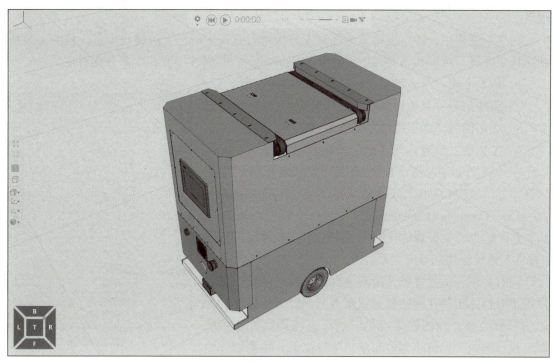

图 7.35　AGV

在本项目中，气缸、工具等设备定义操作与第一节类似，读者可根据前面介绍的内容，自行尝试定义。接下来，重点介绍 AGV 和双向输送线的定义。

二、AGV 定义

在工业制造领域，AGV 普遍存在。AGV 通常装备自动导引装置，可以沿指定的导引路线行驶，具有安全保护和避障等功能。

在本项目中，AGV 主要用于原材料搬运，执行各工作单元之间物料转运任务。本节以 AGV 为例，构建 AGV 作业虚实镜像系统，实现虚实同步运动的功能。

首先，分为两个部分定义 AGV。一个部分为 AGV 外形，另一个部分为 Vehicle 本体。AGV 外形涉及工装板定义操作，用于接受和输送工装板，修改工装板位置；Vehicle 本体涉及 AGV 运动位姿。接下来，分两个模块分别定义 AGV。

1. 外形部分

在定义 AGV 外形时，首先要明确定义的对象实质是工装板，需要实现以下几个目标：①可以接收和输出工装板；②可以修正工装板位置；③可以模拟 AGV 运行状态。为此，AGV 外形需要与传送带联动。关于传送带对应的信号和存在的逻辑关系，之前的章节已经详细介绍，不再赘述。

工装板由输送线运送至 AGV 物料区后，需要使用容器 Container 抓取，工装板才能从输送线上脱离，添加至 AGV，随小车移动。具体思路是在工装板进入一个特定区域后，Container 抓取工装板，放入容器，实现 AGV 从输送线处收料功能。在工装板离开特定区域后，Container 释放工装板，沿着传送带中收料路径移动工装板，实现 AGV 沿输送线送料。

在这个过程中，特定区域成为控制工装板运行过程中的一个关键设定点。检测工装板到达特定区域，可以利用射线传感器 RaycastSensor，其属性中有四个部分相对重要。

1）最大范围：沿 Z 轴呈射线状检测的距离范围。

2）组件信号：显示检测到的组件对象。

3）布尔信号：表示组件经过检测目标线。

4）坐标框：设定检测目标点。

在 AGV 外形中，创建 1 个布尔信号 "AGV-BOOL"、1 个组件信号 "AGV-COMP"、1 个射线传感器 "RaycastSensor"、1 个容器 "ComponentContainer"、1 个 Python 脚本 "motion"、1 个坐标框 "工装板到达位置"，按照图 7.36 射线传感器 "属性" 栏设定添加对应关系。

同时，在合适位置放置检测坐标框。经过测试，可以发现当有物体组件在传感器射线覆盖范围时，传感器的布尔信号灯会亮，检测射线可见。当没有物体组件在传感器射线范围内时，传感器的布尔信号灯熄灭，检测射线消失。布尔信号灯亮的效果如图 7.37 所示，布尔信号灯熄灭的效果如图 7.38 所示。

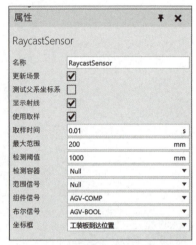

图 7.36　射线传感器 "属性" 栏设定

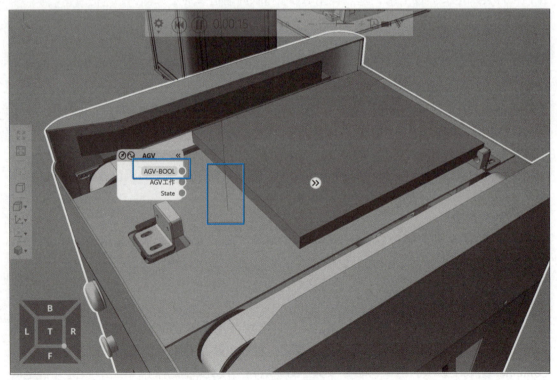

图 7.37　布尔信号灯亮的效果

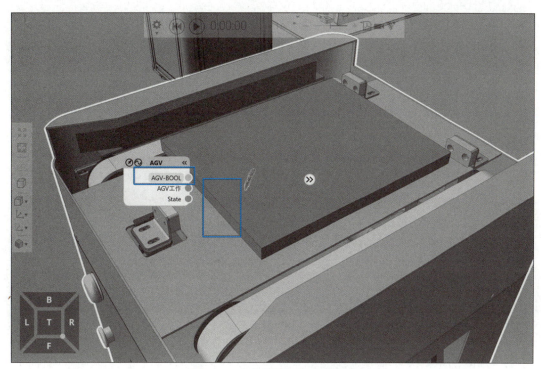

图 7.38　布尔信号灯熄灭的效果

当完成所有准备工作后，可利用 Python 脚本定义抓取等动作，如图 7.39 所示。AGV 运行状态可利用传送带上的信号关联控制。当传送带正转信号 forward 亮时，代表 AGV 已到达接泊位置，其效果如图 7.40 所示。

```
AGV::motion                                              _ □ ×
                              Find                    ♦ ♦ ✎ ✗
1   from vcScript import *
2   import vcMatrix
3   import vcVector
4
5   comp = getComponent()
6
7   cont = comp.findBehaviour('ComponentContainer')
8   task = comp.findBehaviour('AGV工作')
9   state = comp.findBehaviour('State')
10  A_Bool = comp.findBehaviour('AGV-BOOL')
11  A_Comp = comp.findBehaviour('AGV-COMP')
12
13  def OnSignal( signal ):
14      pass
15
16  def OnRun():
17
18      while True:
19          global A_Comp
20          task.signal(False)
21          triggerCondition(lambda:A_Bool.Value and state.Value == False)
22          delay(1)
23
24          if A_Comp.Value != None:
25          pm = A_Comp.Value.PositionMatrix
26          cont.grab(A_Comp.Value)
27          pm.P = vcVector.new(0,0, 76.661)
28          A_Comp.Value.PositionMatrix = pm
29          A_Comp = comp.findBehaviour('AGV-COMP')
30
31          delay(3)
32          task.signal(True)
33          delay(10)
34
35
36
37
已保存.
```

图 7.39　脚本编写

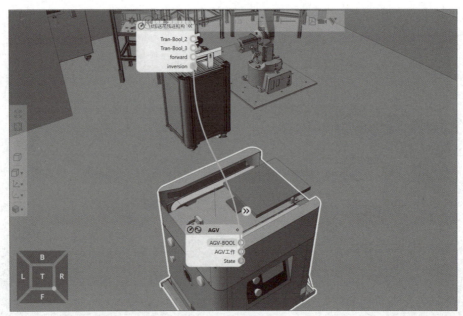

图 7.40　信号关联

2. Vehicle 本体

Vehicle 本体部分主要涉及 AGV 的运动位姿。由于通常无法获知物理 AGV 的位置坐标，所以采用模拟方式定义 AGV。项目中 AGV 在地面运动，所以只需要更改 X、Y 轴两个方向的平移位置点。同时，不同接泊点相对角度不同，导致 AGV 行使路径的角度出现变化。所以，在定义 Vehicle 本体运动轴时，需要定义 X、Y 轴平移量和绕 Z 轴旋转角度等参数。

为了方便观察和操作每个定义轴，在建立三个 Link 链接的同时，在各链接下创建不同本体，与不同的运动状态和功能相对应。尽量错开三个部分本体，避免部分本体间相互影响，以及 AGV 运动姿态不符合设想。但需要注意，每个链接都需要一一对应，不可为空，否则在定义物体运动时，运动状态没有对应的物体，从而导致误判。

在 Vehicle 本体中创建三个链接，设置好三个链接父子级关系，分别更改名为"Y 方向""X 方向""R 角度"，父子级关系如图 7.41 所示。

根据以前章节介绍的操作步骤，设定符合此项目的链接属性，不再赘述。其中 Y 方向的链接属性设定如图 7.42 所示。

定义对应运动轴后，可开始 Python 脚本编写。首先，确定三个轴，分别对应相应的运动轴。在本项目中，Y 轴平动对应轴 0，X 轴平动对应轴 1，绕 Z 轴旋转运动对应轴 2，程序如下：

```
joint_Y = servo.getJoint(0)
joint_X = servo.getJoint(1)
Joint_R = servo.getJoint(2)
```

再利用 servo.move 语句，AGV 可运动至目标点。但需要注意，servo.move 语句中的数据值都为相对位置，相对于物体初始点。在此项目中，相对于停泊充电点，即小车运动的初始位置。

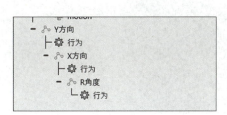

图 7.41　链接属性设定

图 7.42　*Y* 方向的链接属性设定

接下来，需要设定 AGV 在特定情况下的启停及搬运任务。所以，在 Vehicle 本体添加六个布尔信号，即 Task-01~Task-06，分别对应六种工况下 AGV 的任务。

Task-01：AGV 从停泊充电点前往立体仓库模块上下料点。

Task-02：AGV 从立体仓库模块上下料点前往压装模块上下料点。

Task-03：AGV 从压装模块上下料点前往打螺钉模块上下料点。

Task-04：AGV 从打螺钉模块上下料点前往激光打标模块上下料点。

Task-05：AGV 从激光打标模块上下料点前往装盒模块上下料点。

Task-06：AGV 从装盒模块上下料点前往停泊充电模块上下料点。

在定义 Vehicle 本体后，放置 Vehicle 本体至 AGV 模型，如图 7.43 所示。同时，AGV 外形附加到 Vehicle 的 R 角度，令 Vehicle 本体随 AGV 外形一同运动，程序脚本如图 7.44、图 7.45 所示。

三、双向输送线定义

双向输送线对应两种动作，即收料和送料，出现两种输送路径。为了方便理解和控制，可以共用两个坐标框，定义两条方向相反的路径，添加两个单向路径"OneWayPath"，"往顶升工位方向"和"加工后离开"两个布尔信号配合使用，触发两条输送路径，避免两个输送路径相互影响，导致仿真结果错误。行为添加和属性设定如图 7.46、图 7.47 所示。

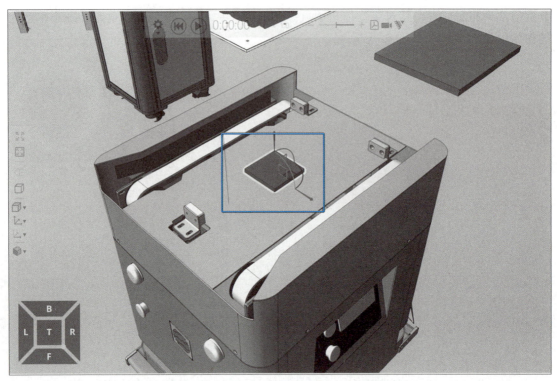

图 7.43　附加设定

```
Vehicle::motion*                                              _ □ X
                          Find              ♦ ♠ ✎ X
1    from vcScript import *
2
3    comp = getComponent()
4    servo = comp.findBehaviour('ServoController')
5
6    #Task01: AGV从停泊充电点前往立体仓库模块上下料点
7    #Task02: AGV从立体仓库模块上下料点前往压装模块上下料点
8    #Task03: AGV从压装模块上下料点前往打螺钉模块上下料点
9    #Task04: AGV从打螺钉模块上下料点前往激光打标模块上下料点
10   #Task05: AGV从激光打标模块上下料点前往装盒模块上下料点
11   #Task06: AGV从装盒模块上下料点前往停泊充电模块上下料点
12   task_01 = comp.findBehaviour('Task-01')
13   task_02 = comp.findBehaviour('Task-02')
14   task_03 = comp.findBehaviour('Task-03')
15   task_04 = comp.findBehaviour('Task-04')
16   task_05 = comp.findBehaviour('Task-05')
17   task_06 = comp.findBehaviour('Task-06')
18
19   joint_Y = servo.getJoint(0)
20   joint_X = servo.getJoint(1)
21   Joint_R = servo.getJoint(2)
22   def OnSignal( signal ):
23     pass
24
25   def OnRun():
26     while True:
27       triggerCondition(lambda:task_01.Value)
28       servo.move(-500,0,0)
29       servo.move(-1000,0,0)
30       servo.move(-1518.031,0,0)
31
32       triggerCondition(lambda:task_02.Value)
33       servo.move(-1000.389,0,90)
34       servo.move(-1000.389,-1300,90)
35       servo.move(-1000.389,-2619.619,90)
```

图 7.44　Vehicle 脚本 1

```
36
37    triggerCondition(lambda:task_03.Value)
38    servo.move(-1000.389,-2619.619,90)
39    servo.move(-947.023,-3695.845,90)
40    servo.move(-893.657,- 4772.071,90)
41
42    triggerCondition(lambda:task_04.Value)
43    servo.move(-893.657,- 4772.071,90)
44    servo.move(-860.247,-5880.214,90)
45    servo.move(-847.247,-6880.214,90)
46
47    triggerCondition(lambda:task_05.Value)
48    servo.move(-847.247,-6880.214,90)
49    servo.move(-817.901,-8093.456,90)
50    servo.move(-797.901,-9093.456,90)
51
52    triggerCondition(lambda:task_06.Value)
53    servo.move(-797.901,-9093.456,90)
54    servo.move(-847.247,-6880.214,90)
55    servo.move(-893.657,- 4772.071,90)
56    servo.move(-1000.389,-2619.619,90)
57    servo.move(-1000.389,0,0)
58    servo.move(0,0,0)
59
```

图 7.45　Vehicle 脚本 2

图 7.46　行为添加

图 7.47　属性设定

　　使用单向路径还存在一个问题，即到达终点后物料组件便消失不见，这并不是想要的结果，与实际不相符。所以，在定义传送带模块时，一般与其他模块相结合。例如，气缸顶升和下降动作，可以利用气缸的顶升运动，希望物料上升到终点，物料不会消失。所以，在设定起点和终点时，尽量让两个坐标框远离，如图 7.48、图 7.49 所示。

　　在工装板开始运动即离开 RaycastSensor 检测范围时，RaycastSensor 无法检测到物料。所以，在工装板被顶起之前即 RaycastSensor 还可以检测物体时，借助 ComponentSignal 组件信号中转，保存已检测的组件名称，在后面路径中继续使用。关于射线传感器 RaycastSensor 操作，在前面定义 AGV 时已详细解释，不再赘述。那么，可以单独编写一个 Python 脚本，用于存储组件名称，同时添加一个射线传感器 RaycastSensor_3，用于顶升气缸中心工装板检测和定义，如图 7.50、图 7.51 所示。

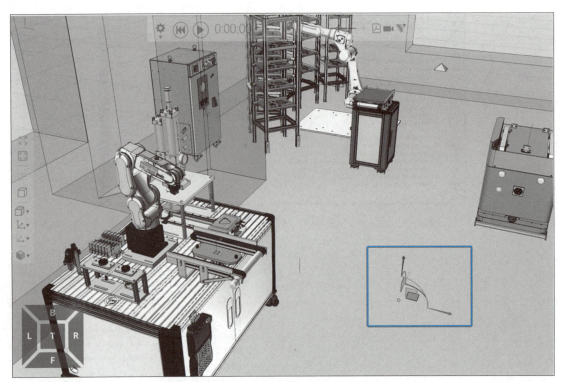

图 **7.48**　输送线终点

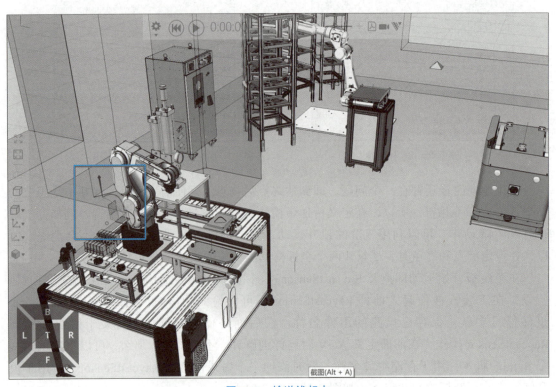

图 **7.49**　输送线起点

图 7.50　顶起对象处理

图 7.51　存储组件检测

同时，在工装板气缸顶升前，工装板应先停止移动，再从输送路径中释放工装板。此时，激活"GraspSignal"信号，可控制工装板顶起，同时修正其位置，等待机器人完成操作后，再取消"GraspSignal"信号，等待出料信号"加工后离开"激活，工装板被送料路径抓住，工装板再沿送料路径离开传送带，运送至 AGV 停泊点。

再回到两个输送路径问题，每个路径都可创建一个对应的链接，收料路径对应工装板移动至顶升气缸位置；送料路径对应加工完成，工装板移到 AGV 停泊点。在链接下创建相应的射线传感器"RaycastSensor"和"RaycastSensor_2"，具体操作见 AGV 定义。利用射线传感器 RaycastSensor 抓取工装板至对应的单向路径。两组链接行为和 Python 程序如图 7.52、图 7.53 所示。

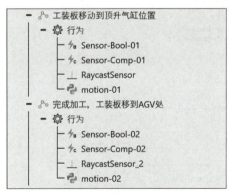

图 7.52　路径行为设定

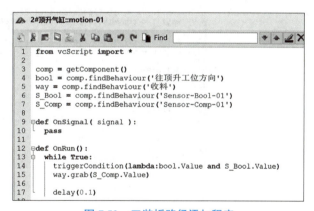

图 7.53　工装板路径添加程序

工装板添加至输送路径后，需要激活该路径，实现工装板上下料。为此，可以利用 AGV 的信号协同运行。Task-01 信号为 AGV 启动前往第一个上下料停泊点，即立体仓库模块。激活输送路径程序解释如下：

```
AGV = app.findComponent('AGV')        # 在虚拟世界坐标系中找到组件"AGV"
t01 = AGV.findBehaviour('Task-01')    # 在 AGV 组件中找到行为"Task-01"
```

```
convery01 = app.findComponent('2# 顶升气缸')    # 在虚拟世界坐标系中找到组件"2# 顶升气缸"
way1_1 = convery01.findBehaviour('收料')
way1_2 = convery01.findBehaviour('送料')
S_Bool = convery01.findBehaviour('Sensor-Bool-01')
S_Comp = convery01.findBehaviour('Sensor-Comp-01')
triggerCondition(lambda:t01.Value and S_Bool.Value)
delay(2)
way1_1.signal(True)
delay(4)
way1_1.signal(False)    # 当 AGV 运动至顶升气缸位置,收料路径被激活,延时 4s(预计到达预期位置)后停止收料
```

激活输送路径完整的 Python 程序如图 7.54 所示。

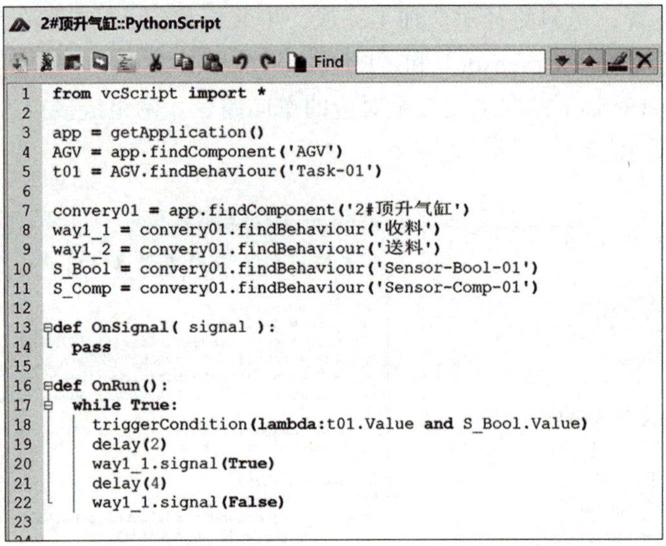

```
2#顶升气缸::PythonScript
from vcScript import *

app = getApplication()
AGV = app.findComponent('AGV')
t01 = AGV.findBehaviour('Task-01')

convery01 = app.findComponent('2#顶升气缸')
way1_1 = convery01.findBehaviour('收料')
way1_2 = convery01.findBehaviour('送料')
S_Bool = convery01.findBehaviour('Sensor-Bool-01')
S_Comp = convery01.findBehaviour('Sensor-Comp-01')

def OnSignal( signal ):
  pass

def OnRun():
  while True:
    triggerCondition(lambda:t01.Value and S_Bool.Value)
    delay(2)
    way1_1.signal(True)
    delay(4)
    way1_1.signal(False)
```

图 7.54 激活输送路径完整的 Python 程序

章节练习

1. 导入本节讲解的设备模型，每个实训台保存为独立项目。
2. 定义气缸模型，增加传感器，实现推料效果。

3. 定义工具模组模型，根据教程介绍的方法，编写脚本程序，控制模组运动。

4. 定义输送线模型，自行搭建环形输送线，并思考如何将多个物体摆放至输送线，并在输送线上移动。

5. 使用 Works Process 组件实现加工结束的效果，并思考其他方法模拟加工结束的效果。

6. 调用现有项目与 PLC 连接，编写 PLC 程序，控制虚拟设备动作。

7. 建立 AGV 几何模型，定义小车动作，完成上下料动作。

附录

快捷键说明

附表-1　简单操作

动作	功能
Ctrl + C	复制选中对象至剪贴板
Ctrl + N	清除 3D 虚拟坐标系模型布局
Ctrl + O	在 3D 虚拟世界坐标系中，文件作为布局打开
Ctrl + S	保存当前布局至已有或新建文件
Ctrl + V	将剪贴板内容粘贴至活跃区域
Ctrl + Alt + J	将产品版本信息打印至输出面板

附表-2　导航操作

动作	功能
Ctrl + F	调整视图至 3D 虚拟世界坐标系中的所有组件
选中物体 + Shift + 鼠标右键	调整视图，鼠标单击位置视图中心位置
鼠标右键 + 拖动鼠标	旋转视角
鼠标左键 + 鼠标右键 + 拖动鼠标	平移视角
Shift + 鼠标右键 + 上下拖动鼠标	快速放缩视角

附表-3　物体操作

动作	功能
Ctrl + 鼠标左键	同时选中多个组件
Ctrl + 鼠标左键 + 拖动鼠标	使用方框选择组件
Shift + 鼠标左键 + 拖动鼠标	选中组件 A 执行此操作，单击 B 组件，快速对齐
鼠标左键 + 鼠标右键 + 拖动鼠标	平移视角

（续）

动作	功能
Shift + 鼠标右键 + 上下拖动鼠标	快速放缩视角
移动模式 + 选中物体 + 拖动坐标箭头 + Ctrl	选中组件 A 执行此操作，鼠标移至 B 组件，A 组件与 B 组件特征点快速对齐
移动模式 + 选中物体 + 拖动坐标原点 + Ctrl	自由移动物体，不执行捕捉对齐
测量模式 + Ctrl	快速选择平面中心点

附表-4 Python 脚本编辑器

动作	功能
F9	编译代码
Tab	代码缩进
Shift + Tab	取消代码缩进
Ctrl + 0	重置代码字体大小，恢复默认尺寸
Ctrl + D	快速复制整行代码
Ctrl + F 或 I	查找匹配代码
Ctrl + J	弹出代码提示下拉栏
Ctrl + L	自由移动物体，不执行捕捉对齐
Ctrl + P	快速打印
Ctrl + S	保存并编译代码
Ctrl + Z	撤销上一步操作
Ctrl + 鼠标滚轮或加减号	缩放代码字体

参考文献

［1］贺玮.SAIDE VisualOne 智能工厂虚拟仿真基础教程［M］.长春：吉林大学出版社，2018.

［2］王寒里，朱秀丽.工业仿真软件 MioT.VC 培训教程：基础篇［M］.北京：机械工业出版社，2023.

［3］庄存波，刘检华，熊辉，等.产品数字孪生体的内涵、体系结构及其发展趋势［J］.计算机集成制造系统，2017，23（4）：753-768.

［4］王婷，齐庆会，岳川云.虚拟仿真技术在土木工程测量教学中的应用［J］.高教学刊，2020（27）：112-115.

［5］赵卿.对工业机器人生产线虚拟仿真教学的探究［J］.职业，2019（16）：86-88.

［6］胡长明，操卫忠，王长武，等.复杂电子装备结构数字化样机探索与实践［J］.电子机械工程，2017，33（6）：1-9.